室内设计师.41
INTERIOR DESIGNER

图书在版编目(CIP)数据

室内设计师. 41，新生代 / 《室内设计师》编委会编 .—北京：中国建筑工业出版社，2013.5
ISBN 978-7-112-15438-8

Ⅰ. ①室… Ⅱ. ①室… Ⅲ. ①室内装饰设计 – 丛刊
Ⅳ. ① TU238-55

中国版本图书馆 CIP 数据核字 (2013) 第 101411 号

室内设计师 41
新生代
《室内设计师》编委会 编
电子邮箱：ider2006@qq.com
网 址：http://www.idzoom.com

中国建筑工业出版社出版、发行（北京西郊百万庄）
各地新华书店、建筑书店 经销
上海利丰雅高印刷有限公司 制版、印刷

开本：965 × 1270 毫米 1/16 印张：11½ 字数：460 千字
2013 年 5 月第一版 2013 年 5 月第一次印刷
定价：40.00 元
ISBN978-7-112-15438-8
（24040）

目录

CONTENTS

VOL.41

说说艺术家工作室

撰　文 | 王受之
摄　影 | Parii

最近艺术家村、创意产业基地的项目特别多，从北京开始，蔓延到全国各个城市。因为制造业日益退潮，创意产业成了好多地方政府的主要发展诉求，因而项目也如雨后春笋一般涌现出来了。最近去了一次桂林开项目会议，商讨的内容居然是在那里建造一个艺术家村。但事实上，艺术家村、创意产业基地的形成需要多方面的条件综合促成，而并非政府、开发商可以自己完成的。

在过去的几十年中间，我曾经去过好多城市中的艺术家村、画廊区、创意产业园区，比如纽约的 SOHO，洛杉矶的拉古纳海滩（Laguna Beach）等。这些园区之所以能够存在，是综合条件促成的，感觉大部分都比较偏商业，文化就显得弱势一点了。越是出名的，艺术家、创意产业凝聚越少，而名牌商业集中，往往造成劣胜优退的情况，因此很警觉艺术家村的发展情况。

在美国，单纯艺术家的聚集中心不少，但在城市中心的比较少。市中心的艺术家村、创意产业园大多数是历史形成的，而不是最近打造的。我知道的现在的群落，以纽约最集中，其他大城市，比如芝加哥、洛杉矶、旧金山、波士顿等等也有类似的群落，但都不及纽约密集。除了纽约市内的 SOHO、切尔西（Chelsea，原来是纽约曼哈顿的屠宰场，后来因为廉价，艺术家迁入做工作室，形成氛围，之后价格日益高涨，艺术家也都纷纷迁出了）这些地方，还有最近刚刚冒出来没有多久的诺霍（Noho）。

SOHO 是纽约曼哈顿内的一个区域，大约以北面的 Houston 街、东面的 Bowery 街、南面的运河街与西面的第六大道为界。它在 1960~1970 年代开始出名，原因是一群艺术家被此区的廉价租金吸引，开始进驻租用渐渐荒废的工厂，改造成办公室及摄影工作室，其邻近区域也在其后的数十年内急速发展。最后，真正的艺术家又渐渐搬走，余下艺术馆、精品店、特色餐厅及青年专业人士留守。1991 年，我到纽约去，当时陈丹青在 42 街附近租了一个很小的画室。我们在画室聊天，谈到 SOHO 被时尚商业挤占，他十分忿忿不平，抱怨名牌商业把这么优秀的艺术家聚集地给毁了。我后来自己去 SOHO 看，的确如此，名牌店林立，艺术家都因为铺租太贵，而迁移到附近的诺霍和切尔西去了。当然，还是有好多非常精彩的画廊，但是如果说要维持 20 世纪五六十年代那种纯粹文化、艺术的气息，我看是没有可能了。SOHO 出了个安迪·沃霍尔，是很多人挂在口头讲的轶事。沃霍尔在纽约换过 5 次工作室，他称自己的工作室为“工厂”（factory），这些“工厂”除了做画室之外，还主办各种活动 —— 拍电影、摄影、人体表演、晚上通宵达旦的狂欢……抽大麻、酗酒、性行为，无所不有，用世俗的眼光来说，是很乱的一个窝，因此也特别大，家具破烂，凳子都是缺腿的，到处都是油漆，连顶棚都好像打过仗一样。当时国内的前卫艺术刚刚冒头，我想国内年轻艺术家会很喜欢他的这几个“工厂”的。

虽然 SOHO 的氛围受到很多人喜欢，但如今寸土寸金的价码已经不是一般艺术家可以问津的了。现在纽约的艺术村、创意产业园区基本都在城郊。艺术家一般喜欢比较清静的工作环境，因此往往在市郊聚集。美国的艺术家工作室是以群落形成的，著名的艺术家往往把工作室放在一起，好往来，也方便经纪人来看作品。纽约外围的艺术家工作室群落中，比较重要的在纽约州 Suffolk 县南汉普顿（Southampton）和水磨（Water Mill）等地周围；这里距纽约不远，但完全是一派自然景观，空气清新，交通方便，因此长期以来都是纽约成功艺术家的聚居地。另一个中心在纽约附近的斯普林（Spring），也是大师群集，包括已经过世的大名鼎鼎的 Willem de Kooning，他的工作室还保留着原样。21 世纪以来，出名的画家的市场运作日益纯熟，因此收入也高起来。纽约外围原来很便宜，我在 1980 年代去那边看里亨斯坦、沃霍尔的工作室，附近很大的农舍，连谷仓、车房在一起，也就 10 来万美元，现在因为大艺术家趋之若鹜，房价水涨船高，过百万的有的是，已经不是刚刚出道的艺术家可以住的了。

类似的地方还有几个，我们称之为创意园，而“工作室”则是另一种形态。这个词来自英语“studio”，有点难翻译，因为它一方面可以是指工作空间，特别是艺术家、设计师的工作空间；但同时也是一种单房的住宅形式，指那种只有一个大房间，厨卫都包括在里面的住宅单位。那些由仓库改造成studio的工作和居住混合的空间，就叫loft，如果比较大，改作几个空间，把住的和工作的地方分开，在艺术家和设计师中很流行。早年见到的都是1960年代的几个大师的工作室，基本都在纽约的曼哈顿，那里好多高层的公寓大楼都是20世纪前半叶建造的，空间大，层高高，一般都有六七米，现在的住宅绝对没这么高了。而且建筑都是钢筋水泥的，很坚实，电梯也大，可以上下搬运东西。曼哈顿中城、下城都有这样的工作室，上东城比较高级一点，艺术家不好晚上闹，所以反而比较少人在那里开工作室。

工作室一般对艺术家来说就叫画室了，国内现在讲如何装修才像工作室，其实最主要的倒不是装修，而是要满足两个条件：一是必须艺术家扎堆，才成气候，画商和艺术代理人找作品也比较方便，附近一定有大城市，便于展览和销售；二是工作室必须内部空间高大，才能够形成氛围。至于如何装修，工作室是工作用的，自然宽敞为主，无需弄虚作假地扮酷，随意而为、舒服自在比矫揉造作的装修好得多。如果不得已要住在里面，注意起居和工作分开，不要弄得配偶好像整天在跟你上班一样。我看了好多美国大师的工作室，其实都仅仅是大，方便，装修没有什么特别的地方。真正特别的工作室，都是设计师的，因为他们的工作室其实是公司业务所在地，拿来谈生意的，要表现自己的品味，还有员工上班，一般在城市内部，和艺术家的工作室就不是一类了。

工作室在功能上也有分别，一种是艺术家纯粹拿来做创作空间的，不对外，作品创作好了拿去画廊展销，抽象表现主义的大师Jackson Pollock在纽约长岛的工作室就属于这类，就在住宅旁边的车库里，随便怎么乱都无所谓，反正不接待外人。需要单独设立创作空间的艺术家，主要是做装置、概念艺术、现代雕塑的那些，作品尺寸巨大，并且全部是金属焊接、翻铸的，因此工作室也就需要特别大并且远离居民区的。这样的工作室等同于工厂，可以翻砂、焊接，机械也很多。当然，如果收入不多，也可以租厂房用。

第二种是创作空间与生活空间合一，Marcel Duchamp在纽约格林威治村（Greenwich Village）的工作室就是这种类型的，在自己的公寓中隔出一个大房间做工作室。这类工作室比较适合画家，因为画家要求的空间比较有限。波普艺术大师Kenneth Noland的工作室和家都在新英格兰，从外观上看是一栋貌不惊人的民房，里面隔出一个大空间画画。画室干干净净、井井有条，我特别喜欢。我从来不认为大艺术家的画室就必须是肮脏、杂乱无章的。

前几年看见上海人民出版社出版的《上海艺术家工作室》丛书中提到：根据保守的估计，中国艺术家工作室已经在10万户以上。仅北京、上海、广州、深圳4个城市的工作室数量，就占了总量的80%。我看了有点吃惊，不过一个13亿人口的国家，这个数目也是合理的。当然这个数据里包括了艺术家、建筑、室内、产品、时装、平面等设计师，并非单指艺术家。现在了解到要在一些不那么有综合条件的地方建造艺术家村、创意产业园区，我总有点惴惴。因为自己见得多了，就知道这些艺术家村不是能够规划出来的，而是艺术家自由聚合的群落，背后的自然规律不容易把握，希望主事者能够三思而行了。END

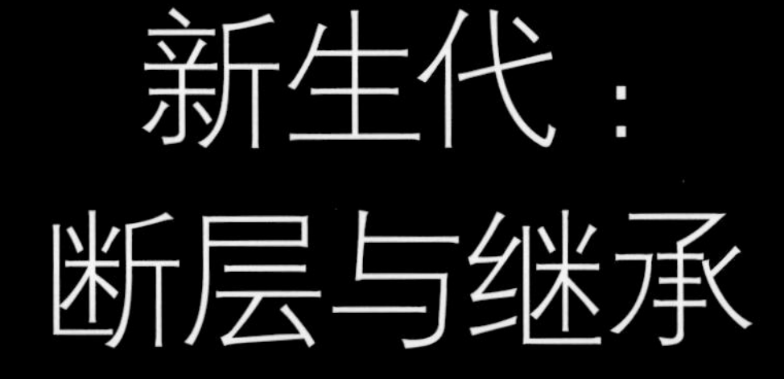

新生代：断层与继承

撰　文 | 藤井树

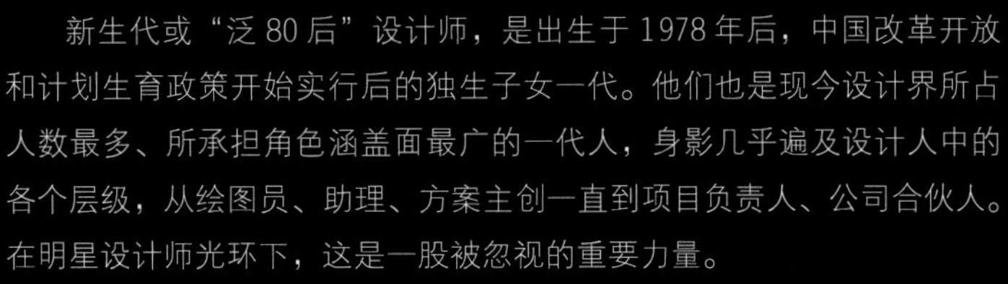

新生代或“泛 80 后”设计师，是出生于 1978 年后，中国改革开放和计划生育政策开始实行后的独生子女一代。他们也是现今设计界所占人数最多、所承担角色涵盖面最广的一代人，身影几乎遍及设计人中的各个层级，从绘图员、助理、方案主创一直到项目负责人、公司合伙人。在明星设计师光环下，这是一股被忽视的重要力量。

他们身上具有鲜明的时代烙印：身处从计划经济转型市场经济的开放环境中，物质及精神生活更富足，更以自我为中心；对互联网时代来自国内国际的新鲜事物、设计潮流等数量庞大的信息，都表现出了极其敏锐的感知和快速反应能力。

也由于时代，断层似乎不可避免地开始出现。学校里教授的钢笔画、水粉水彩细致渲染等以手绘为主的、慢条斯理的传统设计方式，日显“老土”，而被他们迅速转换为 CAD、Photoshop、3DMAX、SketchUp……他们会在极短时间内掌握这些新式实用的基本电脑技能，并随着中国高涨的建设量，在高度紧张的工作状态中，迅速迎合甲方和市场需要。但另一方面，与前辈们的成长更多处于摸索期不同的是，新生代大多是在学校与企业的价值观和成熟培养机制中，被潜移默化地影响着成长起来的，因此尽管设计方式已随时代而变，但他们也更延续着上一代人的某种理想，那些“老土”设计方式所锻炼出的扎实功底、审美、耐力、勤于思索分析、对设计的热爱等正能量，还依然见于前辈及其对新生代的期望，以及这种期望所延伸出的培养路径中。

分别主导着国有大院、上市企业设计院及明星事务所的“5”位设计前辈在本期主题中，带来了新生代在他们所设定的培养路径中，主创或参与设计的作品；还有 2 家事务所的年轻创始人展示了他们所不同于前者新生代的成长与探索；这些新生代主创或参与的项目涵盖了酒店、办公楼、地铁站、餐厅、专卖店、售楼处、会所、别墅等。从中可看出，新生代虽具有时代共性，从微观角度看，他们却又是多元的，有着个别的探寻；他们或许并未建立起成熟并具个体色彩的创作体系，却仍然在随时代不断学习和演化。未来属于新生代，赖特说“要花时间去准备。”END

内建筑80后设计师群像速写

叶铮：
我是在培养一个“完整”的设计师

撰　文 丨 王瑞冰

ID =《室内设计师》

叶 = 叶铮（HYID 上海泓叶室内设计咨询有限公司总经理）

ID 80 后新生代人数在您公司占比是多少呢？

叶 绝大部分。我们公司的 60 后就剩我和一些行政管理人员；70 后基本已经没有；80 后从 1980 年到 1989 年都有，这是几乎要覆盖我们公司总人数 80% 的一支队伍，现在 90 后也已经开始进来了。

ID 80 后在您公司扮演的角色是怎样的？

叶 从人数来说，80 后现在是主力；在设计工作上，他们也是核心力量，因为从绘图员到设计师，甚至项目管理，都在这个年龄层段里。

ID 那您公司对这些新生代具体都是怎么培养的？

叶 这跟公司的经营理念有关。每个设计公司的管理，都是公司价值理念的体现。我的公司就像学校一样，我非常注重培养人，而且有自己的一套培训方法。首先，所有新进员工，一般有一段试用培训期，在这段期限里基本没有工作安排，我们会像上课一样，每天给他们布置该看的该读的，然后专门有人带他们。新进员工来了，不管有几年工作经验，我都会给他们一句话：“希望你把自己看作刚高中毕业，从零开始”。一开始好多人不接受，但很短一段时间后，他们接受了，因为他们真正看到了设计是怎样进行，对设计有了更深入的了解。

第二，我们是阶梯式培养。虽然员工基本是 80 后，但职位是阶梯式的，梯队领头是我，我带项目负责人，项目负责人带设计师，设计师带新进绘图员，一层带领一层。绘图员做一段时间，如果他制图上基本掌握了，我们就会寻找合适时间，把规模合适的项目给他们做，他们第一次、第二次、第三次做出来的设计肯定不行，但我们会给他讲解、修改，他最后会看到差距，通过这么几次言传身教，他们不断成长。公司不会让一个人永远做绘图员，任何一个新进员工，总有一天能成为项目负责人。

第三，我们在各个层面都有培养员工的具体办法，从浅层次的专业入门技术，一直到较深的思想感悟层面……每个阶梯所接收的层面不一样。我们有学术讨论会，虽然更多是下一级听上一级讲话，但公司总的培养内容，绘图员也能听到；学术交流都是在非常无私的环境里进行的，不容任何保守，这是我们公司的文化传统。我也出版了很多设计专著，那些书的内容原本就是为了培养员工用的，比如《室内建筑工程制图》其实是规范，规范原本应该由国家或行业出，但没有，如果有，也只是浅层次的，不够用，我们公司自己就出了，还有如设计方法类的《室内设计纲要》等，我们类似的专著很多，就使我们的专业知识含量可能比别家公司多。

第四，我是在培养一个“完整”的设计师。现在中国大概 90% 的设计公司会把一个完整设计任务一刀一刀切断开，变成流水线操作，有人专门画电脑效果图、有人专门画平面方案、有人专门画施工图、有人专门做软装硬装，甚至有人专门配材料，每个公司断法不一样，但大同小异，这有利有弊——流水线操作对公司来讲有利于标准化、提高效率；但设计师就变成只会某个方面、却不知道设计的其他方面的残废，离开原公司平台以后，他就等于什么都不是，设计师不能这样培养。设计是一个完整的体系，把设计任务断开，就像瞎子摸象，如果没看见整只大象，只摸到一个腿，能知道大象是什么样的吗？所以我们是坚决不“断”，我们是要培养完整的设计师。所有这些都保障了我们能迅速培养年轻人。一般在我们公司三年以上的人，基本都可以有自己的完整作品，从方案、深化、施工图一直到最后现场做出来。我在培养人的开始，也有过纠结，好多人培养出来了，就会想走，外面挖人的很多，但出于设计师职业良心，我还是要培养他们。这些 80 后被挖出去之后都后悔……

ID 他们为什么会后悔？

叶 因为外面的设计公司跟我们差别很大，绝大多数公司觉得设计就是生意，设计师相当于客服或营业员，更不要说做设计研究了。而我们的自我定位更像是一个设计研究机构，我希望最后的成果不仅是作品呈现，而是成为一个完整体系中有理可依有据可查的部分，启发新设计师，让大家尽快提升，并对中国室内设计界产生一定影响。我们对设计的这种尊重，让甲方、施工方总包、材料商对我们最年轻的设计师也都尊敬有加。这跟公司历史有关，我的公司规模不大，但在私人设计事务所里，属于起步非常早的，从无知开始慢慢积累，经过了从无到有的过程，我们这么长时间没垮掉，而且天天在研究，这么多年的实践成果也是我们的研究教材，已经整理成了很多工具书，所以我们是有东西教的。一个年轻人就是一张白纸，人品好很重要，相信经过这种研究性的训练，定会有助于他（她）们成长！

最近通过招聘，我也总结到，应聘者要离开原公司，是因为觉得自己在原公司工作不是太有成就感，没有应有的长进；原公司也没有学术研究平台，缺乏核心设计理念，他们天天就是重复干活。他们要来我们公司，其实是已经锁定并了解好了我们的一些做法——第一是有东西可学、第二是有做设计的态度、第三是有成为优秀设计师的平台。

ID 您觉得 80 后新生代跟您这一辈有什么不同吗？

叶 我前几天面试一个 80 后，他在原公司专门画电脑效果图，我看确实画得很有水准，但对设计的其他方面几乎一无所知。他说他也知道路应该怎么走，也买我的书跟老板说希望怎样……但老板不让他走他想走的路。因此，他只有到了一个好环境才会有变化，就是说这些新生代的不同是由公司的价值观所决定的，他们自己很难有机会决定如何做设计。

ID 那您对他们有什么期许吗？

叶 年轻时，心态的安稳比“聪明”更重要。当心智还不够成熟，又没有良好心态时，往往会走错路。当他有所领悟之后，生命的时光已经过去，许多事情已来不及了，所以年轻时的“聪明”有可能是很危险的。中年以后，当心智很成熟时，聪明将成为他的翅膀。我看见那些失败的人，往往都是绝顶聪明的人，那些成功者却是智慧平平、很甘于平静的人，心态比聪明更重要。年轻设计师缺的就是对这些道理的认识。END

锦江之星秦皇岛店

JINJIANG INN OF QINHUANGDAO

撰　文｜HY
资料提供｜HYID上海泓叶室内设计咨询有限公司

地　点｜河北省秦皇岛东港路
设计单位｜HYID上海泓叶室内设计咨询有限公司
设计主持｜叶铮
设计成员｜熊锋、陈佳玲
主要材料｜钢琴漆、橘红色夹胶玻璃、线帘、涂料、地砖

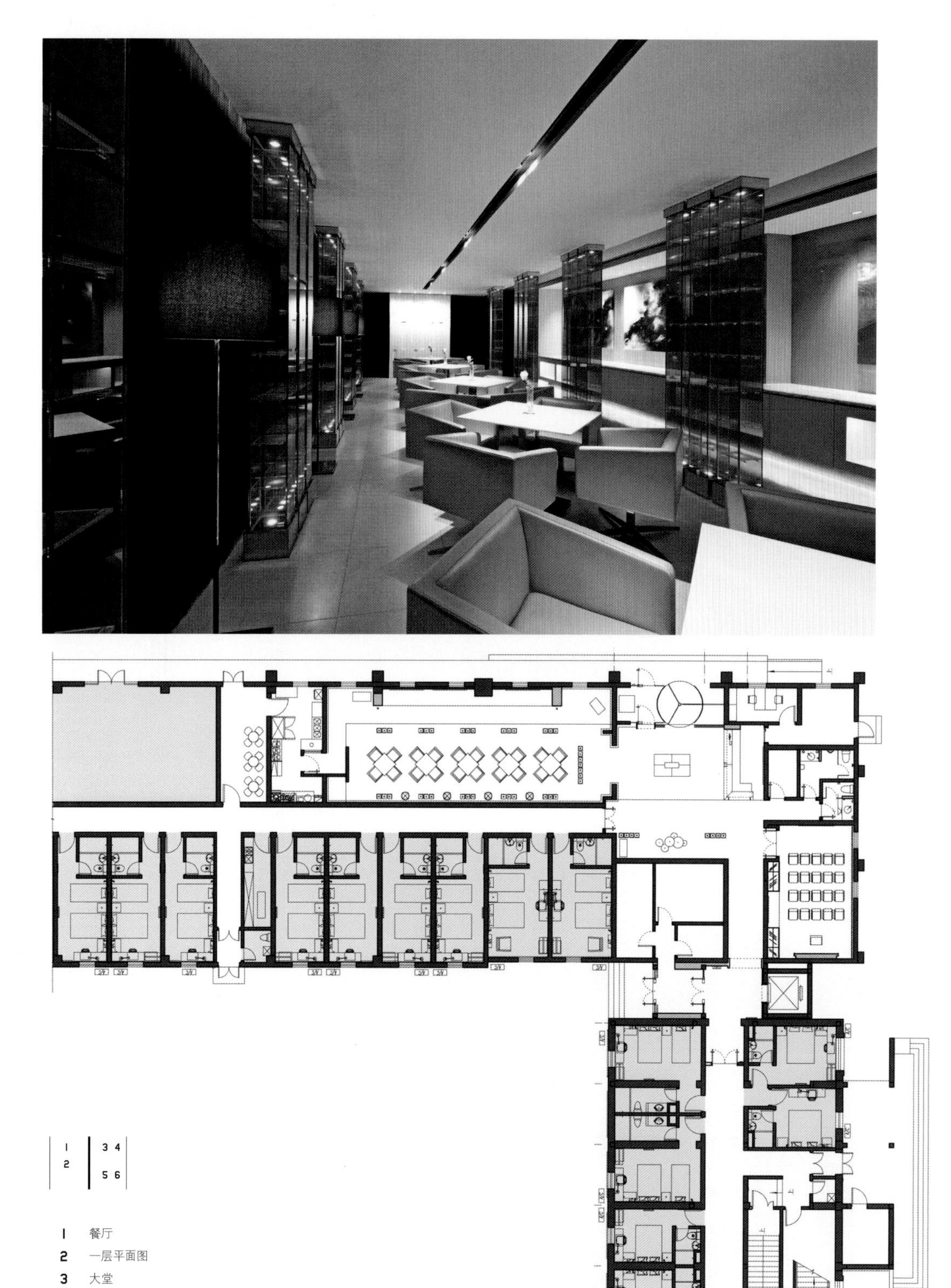

1	3 4
2	5 6

1 餐厅
2 一层平面图
3 大堂
4 从大堂看餐厅
5-6 橘红色玻璃盒细部

没有严谨，就没有浪漫。

——熊锋（出生于1986年，毕业于南京林业大学环境艺术专业）

本案坐落于秦皇岛东港路，是一家中小型经济型酒店。该酒店建筑面积约为5 000m²，客房数约为120余间。

室内设计师以极为时尚的造型元素，浓郁的黑、白、红对比色调作为概念，进而打破了因功能分区造成的空间上的限制，努力贯通大堂与餐饮空间的联系，在纵向上营造一条中心主轴，并使空间的展开有效地凝聚在该中心对称主轴线上。在此主线上，设计分别设置了大堂总服务台、大块沙发休息区、开敞式门洞、橘红色玻璃盒隔断、白色条块造型底景、大堂背景抽象画等。同时在纵向主轴的横向两翼，分别以黑色线帘的围合为背景界面，其间穿插橘红色玻璃盒相呼应。整体空间排列，纵横有序，矩阵建构；造型语言选择，方正对位，注重比例。并且色调的对比分配，亦同步配合材质肌理的对比分配，使空间层次的有序组织，同色彩与材料的分配布置，共同体现本案设计的建构概念。而灯光照明则进一步对总体空间的构成原则起到强化烘托的作用。当不同照度邂逅不同材质界面时，空间中所产生的不同照明层次与亮度，恰好成为设计最终所需的空间体验，它完好统一了照明的功能性与表现性之间的关系。

竣工后的现场，传递着一种略显怪异与神秘的气息，在此红色与黑色中，人们体味到一丝设计的妖娆与魅惑。

锦江之星绵阳店

JINJIANG INN OF MIANYANG

撰　　文 | 熊锋
资料提供 | HYID上海泓叶室内设计咨询有限公司

地　　点 | 四川省绵阳市
项目类型 | 时尚酒店
设计单位 | HYID上海泓叶室内设计咨询有限公司
设计主持 | 叶铮
设计成员 | 熊锋、陈佳玲
主要材料 | 涂料、陶瓷地砖、渐变玻璃、背漆玻璃、不锈钢镀钛、线帘
设计时间 | 2012年7月
竣工时间 | 2013年1月

本案位于四川省绵阳市中心，由于该建筑前身并不是作为酒店使用，且内部空间为不规则异形，所以在设计初始，如何在此基础上合理进行平面布置就显得尤为重要。

一层大堂空间呈船梭形，电梯厅和卫生间等空间组合，形成了一个巨型体块矗立其间，U形走道则将这个体块中的各种功能区域串联起来。通过对原始建筑现状的分析，可以将此空间体块理解为一个多功能服务区，而如何将其分割，既满足电梯厅、休息区、卫生间、清洁间等功能，又不失其作为一种整体的视觉形象，则成了设计所面临的问题。

室内设计在此将整个体块用白色背漆玻璃包裹，形成一个巨大的白色独立形，四周深灰色的背景则将其衬托得更为醒目，并采用不锈钢镀钛制成的黑色线框将其分割为不同的格子，酒店所需的各种功能则嵌在这些格子之中，这样既节省了空间，又给人一种浑然天成的效果。其中局部格子还出现红色块面，借以打破了黑白灰的沉闷，如休息区以红色皮革制成的卡座，就给人一种强烈的视觉冲击，令人不禁联想到蒙德里安那些以黑色线条交织所形成的网格，并在其中用红色进行局部填色的系列画作。

这一感受一直延续到三层的天梯厅及走道，即"强调线框对二维空间的分割"。这个主体概念还在三层餐厅中进一步发展。在三层餐厅中，以黑色线框所勾勒的隔断富有秩序地排列成行，这些隔断将空间分割出若干个半开敞式的就餐区域；白色渐变玻璃嵌入不锈钢镀钛制成的黑色线框，而在底部特别设计的LED照明，使白色渐变玻璃在灯光作用下，顷刻间变成一片片凝固的雾气。透过这些朦胧的雾气，还可欣赏到背景墙上那一片片精致的亮银色荷叶形雕塑，聚散离合之间恰到好处。此外，餐厅中还特别设计了一组高低错落、大小不一的装饰桌子，并与玉砂玻璃制成的透光盒形成又一处设计焦点，这些桌子的细腿采用和黑色线框同样的材料，在光盒的衬托下，极富比例美感，同时又与整体环境十分协调。

在此空间设计中，给人最直接的感官体验是灵动与雅致。这种体验不仅源自超白背漆玻璃、白色渐变玻璃、不锈钢镀钛这些材料本身的光洁感、轻盈感，更来源于经过反复推敲的空间界面及细部尺寸比例、不断调试的灯光和精心挑选的艺术品。

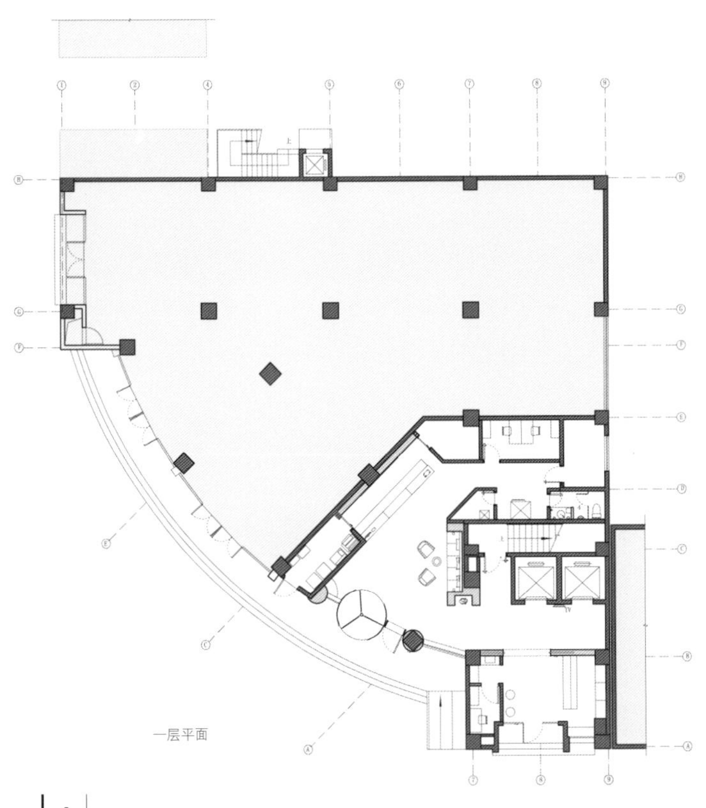

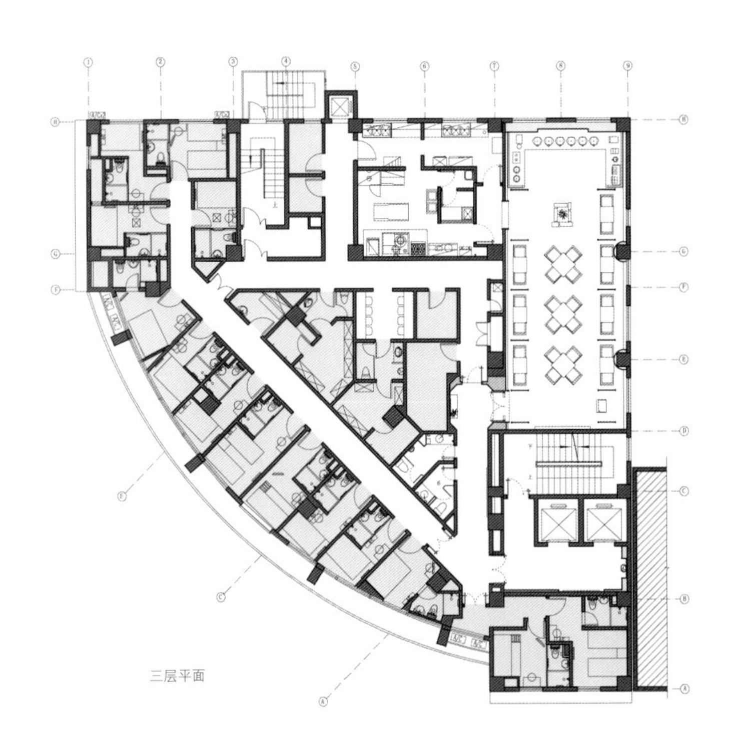

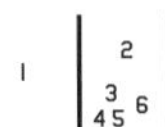

1 餐厅
2 平面图
3 大堂
4-5 餐厅隔断细部
6 局部格子出现红色块面，打破了黑白灰的沉闷

锦江之星新乡店

JINJIANG INN OF XINXIANG

撰　文 | HY
资料提供 | HYID上海泓叶室内设计咨询有限公司

地　点 | 河南省新乡市
面　积 | 7 600m²
项目类型 | 小型精品酒店
设计单位 | HYID上海泓叶室内设计咨询有限公司
设计主持 | 叶铮
设计成员 | 陈佳玲、姚晨亮
主要材料 | 有色玻璃、科技木、涂料、线帘、陶瓷砖、人造石等
设计时间 | 2011年1月
竣工时间 | 2011年12月

对我而言，室内设计不仅仅是一份职业，更是一种信仰，于是我在这条寻求智、善、美的道路上成为一块砖石，膜拜真理。

——陈佳玲（出生于1981年，专科毕业于上海应用技术学院环境艺术设计专业、本科毕业于上海工程技术大学艺术设计专业）

新乡酒店，地处新乡市火车站与商品贸易市场之间的黄金地块。优越的地理位置、络绎不绝的人流，是使酒店改建的首要条件。这是一项老建筑改建工程，整体建筑呈“L形”展开。内含一个面积可观的内院及停车场。原建筑共有6个层面，改建后的酒店面积约7 600m²，各式客房约166间。

酒店大堂被布置在沿街一侧。首层的入口大堂，让人感觉设计颇为低调却又耐人玩味。深沉浪漫的紫红色调与深浅不一的灰色系调子，构成了本案给人的最初印象。在原有建筑格局的基础上，室内空间布局同样在大堂、餐厅两大功能空间区域中采取“L形”布置，并以倾斜成角的设计手法插入矩阵空间中，划破平静均衡的空间感。如此设计手法不仅反映在该空间开始之处、大堂休息区的陈设布置上，更体现在通过倾斜动线的连接，使大堂中央的环型线帘空间与餐厅环型包间的围合线帘遥相对应。同时多组方向不一的斜线，将空间组织设计得更加富有动感，进而又使纵横向的功能空间串联一体，并运用两组相交的倾斜线，使不同的功能区域统一在富有层次变化的空间组合之中。

继空间安排之后，照明灯光的设计，又进一步增强了室内空间的抽象层次关系，或洗墙、或点射……尤其在空间的联结线与视觉焦点处，环绕着白色线帘的光槽，将室内环境中的线帘质感照射得如丝丝细雨般流泻而下，为室内空间平添了浓郁的浪漫与温馨的氛围，和紫红色的玻璃镜面一起，共同构成了本案室内设计的优雅气质。

在此，陈设的运用有力营造了空间的时尚气息，成为吸引视线的兴奋点。从大堂休息区中斜向布置的条型沙发，及与之相配的造型各异的时髦茶几款式，抑或高大的有色玻璃镜面，高低错落的餐厅就餐空间，特别是由紫红色玻璃所限定的时尚长条高桌……这些都使简约平直的朴素空间，瞬间拥有更多的造型意趣与时尚文化。而本设计中，两组由线帘环抱而成的大堂自助商务区与餐厅包间雅座，更是由软体陈设所建构的空间艺术，既有区域限定感，又不失其空间畅达通透，继而使室内环境显得更为灵动飘逸。

这是一个由“空间”、“色调”、“照明”、“材质”、“陈设”等多方设计手段，所共同汇聚起来的简单设计。最终，竣工后的现场，空间感觉较为优雅丰富，光色组合能有效营造出室内幽雨的意境，在如此简单的装修中，仍不失时代的气韵。

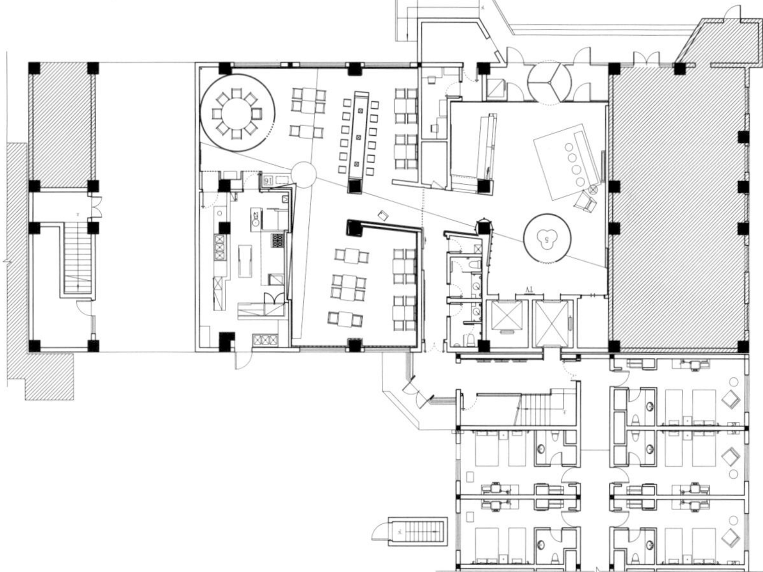

1 大堂
2.3.5 餐厅
4 一层平面

锦江之星沈阳太原街店

JINJIANG INN OF SHENYANG TAIYUAN STREET

撰　　文 | 翁雯君
资料提供 | HYID上海泓叶室内设计咨询有限公司

地　　点 | 沈阳市太原街
项目类型 | 时尚酒店
设计单位 | HYID上海泓叶室内设计咨询有限公司
设计主持 | 叶铮
设计成员 | 翁雯君
主要材料 | 木线条、清水混凝土涂料、粗颗粒涂料、玻璃、镜面、陶瓷砖、皮革等
设计时间 | 2011年10月
竣工时间 | 2012年9月

沉淀累积，不断拓宽，创新求变。

——翁雯君（出生于1986年，毕业于上海应用技术学院室内设计专业）

本案是一项老建筑改建项目，位于沈阳市和平区太原街商业步行街上，这里毗邻沈阳故宫，是当地著名商业街。原建筑为规整的矩形空间，改建后的酒店，总建筑面积为5 500m²，客房共计125余间。室内设计主要针对底层大堂及四层餐厅、会议室等功能。设计风格秉承的思路，是根据地域背景，期望从东方文化的大概念中摘取灵感，同时以现代主义国际式表述语境为设计语言，以平直简约的装饰手法、平行排线的界面造型，营造出室内空间的理性、秩序和节奏。

在此，纵向垂直的平行线条，等距编织成空间最富代表性的界面形象，充分表述出东方语境下的现代设计。不论是大堂还是餐厅，这些具有优美比例和节奏感的线条，构成空间的主要视觉形象，并且由立面向顶棚延伸，穿插到吊顶背面，形成"L"形空间构成。同时，与空间布局相对应，延伸在吊顶上方的线条被有序分割的大块吊顶所重叠，构成了线面对比的和谐组合。"L"形线条的区域空间感，有意地划破矩阵空间的均衡对称，将不同功能的区域统一于富有层次节奏变化、又不失畅达通透的空间组合之中。

有力的节奏线赋予本案一种特色形象，而照明的配置则进一步增强了这种空间的节奏感。暗藏在吊顶平行格栅中的光源，间隔有序的空间排列，使空间中的光源被格栅侧面所映衬，由此形成了强烈的节奏与空间引导性；又如，LED地埋灯被安装于每一木线条格栅之间，这一布光方式无疑增强了平行线的韵律感，使界面节奏的概念得以继续深化。

室内设计的概念同样体现在空间材质的选择和空间色调的配置上。为进一步诠释设计概念的"东方性"，清色原木被首先选择，整体色调力求素雅、单纯。黑白单色中嵌入了相当面积的原木色彩，清淡纯净，具有东方意境。

同时，材料的肌理构成又是设计表现中的一个重点，物料的性格对比配合空间关系的对比，同时共存；如木材、清水泥、粗颗粒涂料等这些颇具质感、又自然朴素的温和材质，同空间中玻璃、镜面、不锈钢等冷峻的人造物料相对比，有效地丰富了空间的层次感。

陈设，则是空间的视觉焦点。在此，对应整体空间的轴线关系，陈设的点缀突显出设计的主题性，并赋予二次空间更为清晰的逻辑感。恰如餐厅空间的尽端，那幅具有东方传统韵味的装饰画，为整个空间增添了一份精彩。进而，无论是空间中的艺术装置，还是家具陈设……这些都使平直、素朴的空间瞬间拥有了情感与文化的体验与记忆。

综上所述，本案设计注重节奏感的营造，即空间的"层次"与"比例"。无论是线条与线条、线条与块面、素色与木色、温馨与冷峻、平滑与粗糙……一切都在"层次"的创造与"比例"的平衡中，都在反复的推敲与玩味中。

最终，设计所述的是一种东方精神；一种基于整体东方文化背景的当代表白；一种地球人的地域情节体现，它早已跨越了"中国性"的边界，而延展到一种"东方性"的设计语境中。

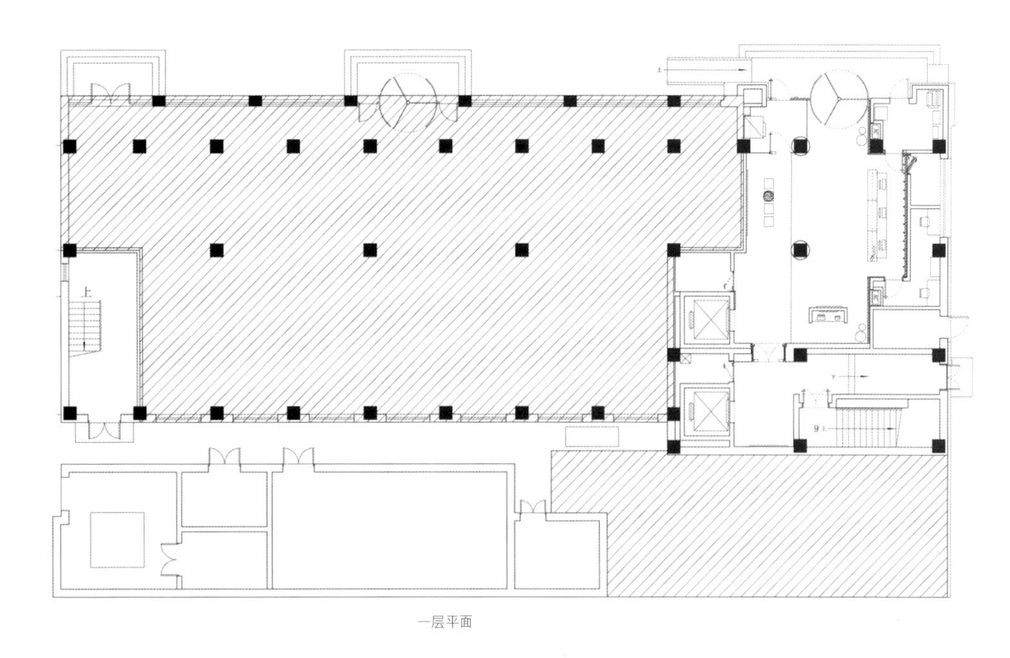

一层平面

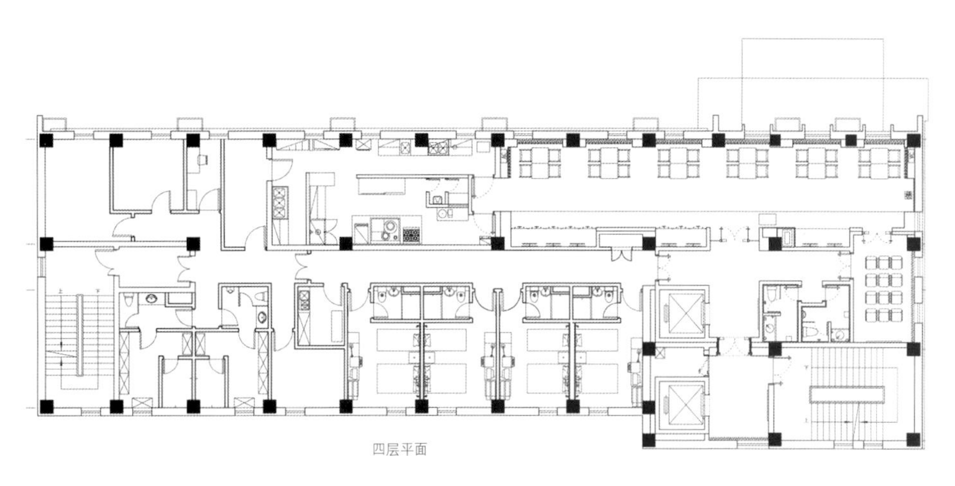

四层平面

1 2
3 4

1 餐厅
2 平面图
3 大堂
4 细部

锦江之星成都白果林店

JINJIANG INN OF CHENGDU BAIGUOLIN

撰　文 | HY
资料提供 | HYID上海泓叶室内设计咨询有限公司

地　点 | 四川省成都市金牛区
设计单位 | HYID上海泓叶室内设计咨询有限公司
设计主持 | 叶铮
设计成员 | 陈佳君、马冠迪
主要材料 | 大花白大理石、线帘、镜面不锈钢、科技木、陶瓷砖、夹胶玻璃、抽象画
设计时间 | 2011年
竣工时间 | 2012年10月

设计源于生活，用感悟的心态去感受生活，用理性的目光去理解生活。

——陈佳君（出生于1983年，毕业于上海应用技术学院室内设计专业）

本案坐落于成都西侧的金牛区，其建筑前身为当地的商务办公楼，如今改为现代时尚的经济型酒店，建筑面积约10 000m^2，拥有多类客房，共计230余间，其中150余间为锦江之星，其余为金广快捷。

室内设计选用沉稳素雅的黑白色调、挺拔硬朗的直线造型，充分使人感受到宁静理性的空间气场。材质的对比配置，又进一步丰富了黑白两极的单纯，使硬质与柔质、镜面与哑面、肌理与平洁等多样性质感有机组合，成为该室内设计一项主要表现概念。同时，针对不同的材料质感，采取了不同的照明方式与光源选择，旨在烘托空间关系的建构，与材质肌理的性格显现。

尤其引人注目的是室内大堂中的那些抽象画面，设计以环境为重，配以适合的画面形式与色调，让画面彻底融入室内环境之中，画面不再是点缀，而是构成空间的视觉聚焦点和重要组成部分。在此，画面对于空间的合适更胜于画面自身。这又是本案设计的另一用心所在。

有趣的是通过安置在一侧的镜面不锈钢的组合，这些大型画幅内容被成功地投影到其间的组合排列中，图案由此开始重新组合，形成一种打碎构成般的新奇视觉效应，并随着人们视线的移动，展开了一场如光效应式的画面变幻，一时间，现实与虚幻的场合叠合为一体，使人们穿行于大堂与电梯厅之间的行程，意趣盎然。

从底层电梯厅进入二层餐厅，却是另一种视觉享受。幽暗的通道引导着人们步入浪漫的餐厅环境。不同于底层硬朗光泽的不锈钢排线，二层餐厅是梦幻虚渺式的丝丝细雨，一帘幽梦般的就餐环境扑面而来。在此，整体空间基本以白色线帘作为室内区域的分隔材料，墙面和柱身通体被线帘覆盖，在LED灯带的映照下，更显飘渺温馨、松透浪漫，并与穿插其间的黑色框架及深色背景玻璃，构成强烈的刚柔反差。

本设计抱着“寓精彩于平和中，寓丰富于单纯中”的宗旨，使竣工后的现场，能让人感受到一份设计的雅致与激情。

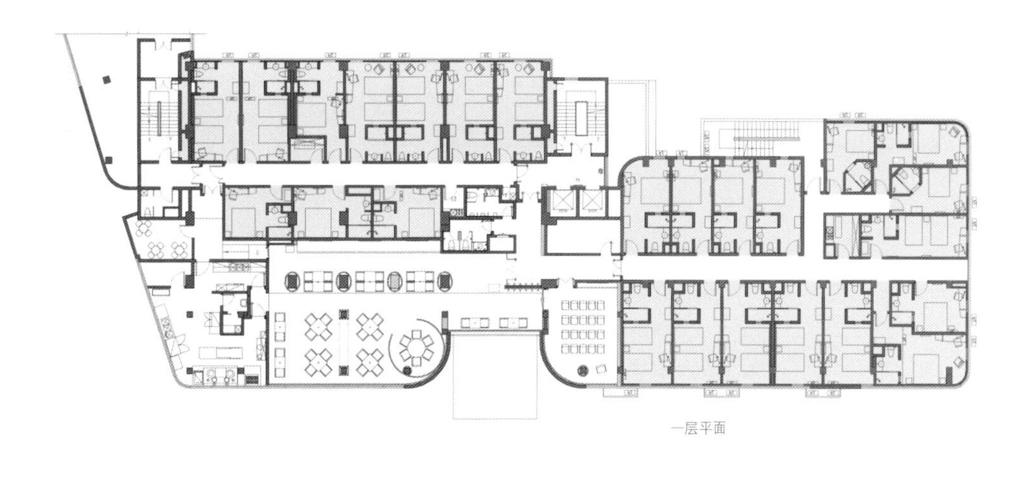

一层平面

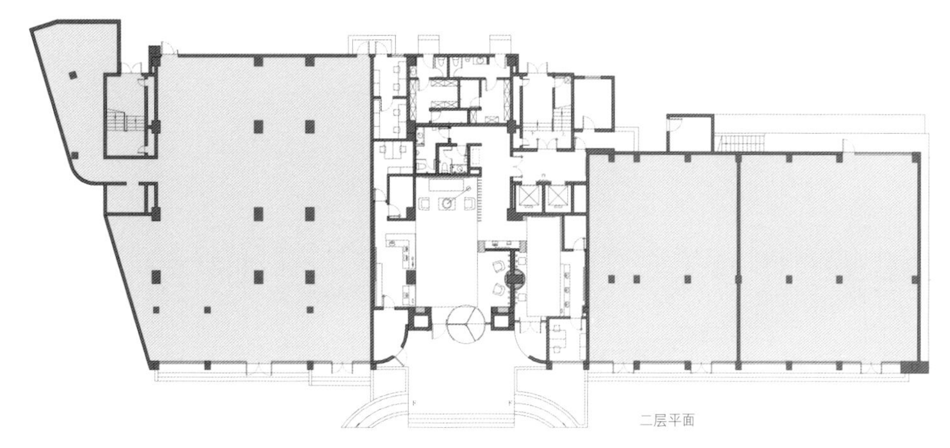

二层平面

1 大堂
2 平面图
3 餐厅
4 大型画幅内容被投影到镜面不锈钢组合中，形成新奇视觉效应

锦江之星无锡惠山店

JINJIANG INN OF WUXI HUISHAN

撰　　文 | HY
资料提供 | HYID上海泓叶室内设计咨询有限公司

地　　点 | 江苏省无锡惠山区
设计单位 | HYID上海泓叶室内设计咨询有限公司
设计主持 | 叶铮
设计成员 | 郑思南、周婷婷、杨艳
主要用材 | 科技木、玻璃、涂料、地转
设计时间 | 2011年
竣工时间 | 2012年10月

秉承泓叶精神，设计当学问做！

——郑思南（出生于1981年，毕业于上海第二工业大学环境艺术专业）

无锡，太湖边上的传统文化名域，如今已成为长三角地区经济发展最具活力的城市之一。作为连锁经济型酒店品牌，锦江之星已是第三次光顾该地区。这又是一项建筑改建项目，建筑面积约为7 500m^2，共计客房200余间。

作为江南富有文化传承的城市，本案室内设计从方案伊始，就力求在当代语境中表达出传统东方文化的内在气质，并以富有传统象征性手法的木栅排线组织，构成空间主要的界立面形式，在此表达为“一竖”的造型概念。设计又在平整的吊顶界面上，刻意撕裂出一条由宽渐窄的口子，略呈圆润而凝顿的启开造型，通过暗藏灯带的反射，营造出传统中国毛笔字中“一撇”的意象造型。如此“一竖”和“一撇”的表现形式，贯穿于整体室内的公共空间之中，设计手法和谐简洁，造型运用具有新意。在色调配置中，设计采用原木的天然色泽，与深灰、黑灰色调相搭配，加上暖色调的灯光照明，形成了黑与金的设计基调。这使无锡店的设计，在低沉有力中，蕴含着辉煌气息；于素简与自然间，建构起新派文人的“奢雅”风味。

为使空间更有层次与序列，室内主要公共空间被布置在二层，一层仅设置一个小门厅。入口门厅的迎面，是一道木色栅栏界面，意将人们的视线引向室内深处。酒店的标志图案，通过木栅栏疏密有致的编排得以显示，并在联结木线条的顶棚和地坪处，分别铺设黑色镜面及抛光黑色地转，使原本竖向空间得到扩展。

步入二层，主要有大堂、休息区、餐厅、会议室、电梯厅等功能。一条由深色吊顶和木色栅栏排线所构成的长廊，将不同的功能区域联系成一体。长廊的顶端由大堂的总服务台开始，其造型同样沿袭了撕裂开口的泛光手法，与之相对应的位置，则是一组围绕着中央大吊灯及黑镜圆茶几所构成的大堂休息区，其陈设的形态与比例，错落有致且层次丰富。其间不论是弧形沙发、沙发椅、中式圆凳，还是弧形矮柜及灯具的排列，抑或是背景中车边玻璃镜框等陈设，都经设计反复推敲，最终形成一幅空间构图丰满和谐、又不失个性对比的空间陈设。而透光白色线帘的背景，又虚化了立面的视觉感，突显其中心陈设的构图地位。

顺大堂长廊向前，是餐厅区与会议区。两者的吊顶都有序地排列着泛光的撇型裂口，尤其在餐厅中，这组个性鲜明的撇字造型，与中央岛式长条型自助餐台，共同组成了纵向空间的视觉延伸，并在纵向背景墙面中，以一幅抽象格子画幅作为空间序列的结尾。END

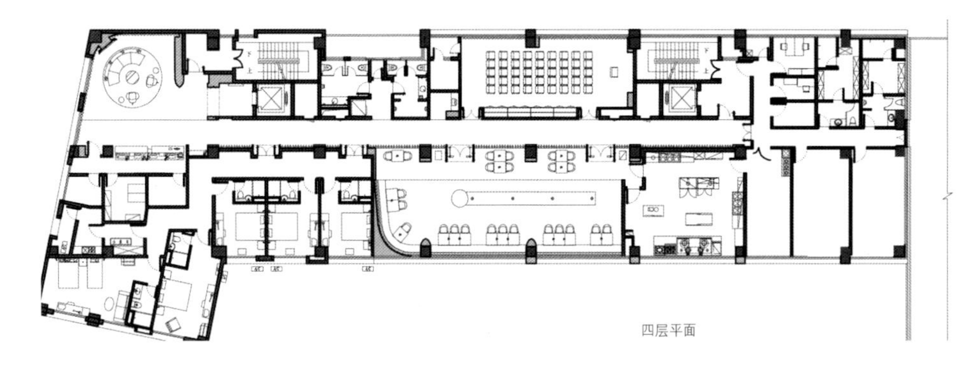

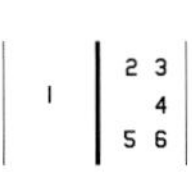

1	大堂
2-3	“一竖”和“一撇”的表现形式贯穿于整体室内公共空间
4	平面图
5-6	餐厅

内建筑：每个人都有充分的个性发挥

撰 文 | 藤井树

ID =《室内设计师》
沈 = 沈雷（内建筑设计事务所合伙人）
孙 = 孙云（内建筑设计事务所合伙人）

ID 80后新生代人数在您公司占比是多少？

孙 可能有70%。我们在招人时，不会特别强调需要已有非常丰富的室内设计经验，有时甚至更希望是没太多经验或非室内设计专业毕业的比如产品设计师。因为我们觉得现在室内设计教育普遍存在很大问题，那些在学校或某家公司受过教育的人，对我们来说可能就是一个问题——大家都走一样的路子，最后做出来的东西也是一个样子，就很无趣。我希望每个人都有每个人的线路，每个人都有每个人充分的个性发挥，所以我们在招人时宁愿他是一张白纸。

ID 80后在内建筑扮演的角色是怎样的？

沈 我们是非常小众的设计公司，工作方式基本上是设计团队核心设计师把控全局、出想法，年轻人配合实施到位。

ID 那内建筑对这些新生代具体都是怎么培养的？

孙 新招入的设计师，我们多数情况会安排一个有经验的团队成员带领，但并非传统意义上的师徒关系，他们也不是一味要死要活地做训练，我们希望新设计师可以很快从有经验的团队成员身上迅速地学到在内建筑工作的方式；在人际关系上，我们公司40多个人，但没有任何小帮派，这些孩子互相之间关系也都很健康。我们希望他们在公司自然宽松的文化和生态环境里，能够舒服地适应这样的生态，并有他固有属性的表现。通常，新进设计师们基本3个月内就能完全融入公司文化，如果是个比较开朗的人，可能一进来就能马上融入，不论是人际关系，或是设计思路、专业技术等。我们的设计思路可能和别的室内设计公司不太一样，我们会更多地从建筑角度去思考室内空间，多数情况下会用建筑手法而不太会用装饰手法做设计，我们不会一定要在哪个地方挂一幅画或摆一盆花，也不会去做纯装饰性的墙面……基本上一个空间完成就算已经完成，再摆摆家具就好。如果装饰是非功能的，就是多余的，这是我们最基本的思考方式。一个新人一旦接纳了这个思路，就非常容易融入团队设计工作中。

沈 年轻设计师们从实践中得到锻炼，从方案到施工图、三维建模，以及各种细节包括对家具尺度的细微感觉都可能涉及，我不会去过多干扰他们的想法，更多的是和他们沟通，保持设计在可控范围内。

现在很多80后年轻人有非常多的想法，但容易天马行空、难以控制，所以需要我们来把握分寸感，有时只要提一下，他们也基本可以解决问题了，经过把控的结果基本都能让甲方满意。从甲方角度讲，作为设计师很重要的一条能力是沟通，设计是讲体验的，80后很多设计师可能脑子不错、手上功夫也不差且有活力，但社会经验还不是很丰富，体验较少，就导致很多设计相对流于表面；我和孙云相对见多识广些，更容易清楚甲方要什么，所以我们会告诉这些年轻人，甲方要什么、我要什么，我需要什么样的概念和品味、什么样的空间，然后让他们去实施。当然，他们也会承受压力，因为最终的呈现代表着内建筑的品位和审美。比如设计一家时尚鞋店时，虽然面积非常小，空间也不是很理想，但我引导他们：高跟鞋店是关于“什么是女人”的，每个地方都要显露出女人的感觉，要有神秘感、仪式感，让高跟鞋都能优雅地陈列。所以，在内建筑，不管这些年轻设计师在公司会待多久，只要待了，愿意钻进去，就一定会有收获。

目前，80后新生代还少有能独立把控一些项目或创业的，可能在家具或工业设计行业稍好，但在室内设计行业，特别是大项目或一些有挑战性的项目基本还是50后、60后、70后的人在主导。我们也在找一些可能机会让80后新生代进行更多创作实践，我们会根据每个人的类型，分配不同的项目，给他们多创造体验的机会、多创造实践的机会、多创造把图纸变成实物的机会。我们希望80后能更快地跟上整个团队步伐，不断提升内建筑的设计水准。

ID 在你们看来，80后设计师跟你们这辈人有什么不同吗？

孙 使用的设计工具不一样，人的思考方式就会不一样。我们那时是用笔在纸上画，他们现在更多是用建模思考，这种思考方式会更真实、更直接。还有不同之处就是，他们接触的信息量比我们那个年代要多得多，本身受过很好审美训练的人，可以迅速吸收这些信息。

ID 对80后设计师有什么期许吗？

沈 前几天，我的一个老师唐葆亨给我打了个电话说：“小沈，新茶收到了哦。就只有你跟陈耀光是想起我的，我也会记着你们的，但是年轻归年轻，老老很快的哦，一下子就80岁了。”我觉得唐葆亨跟我说的时候，他眼泪都快下来了，“老老很快的哦”，他一定是想到了自己。我也一直跟我们公司年轻设计师说：“其实我们大家的未来是一样的，生老病死、能力退化，当我们兴趣点转移的时候，也是你们独挑大梁的时候。”对公司来说，新鲜血液永远是需要的，但现在如果有年轻人想过早地抢占地盘，可能性却不是很大。十几二十年前，我作为设计师，我说一句话，别人觉得我还是小孩子，说的话无足轻重，渐渐地，过了四十岁以后，别人对我说的话就当一回事了。所以，80后这些人不必着急、不必慌张，也不要急于求成，总有一个积累的过程，每一代设计师都是这样过来的。

当今社会竞争其实没有我们那时激烈，我们那一代，甚或80初的人，多少还知道一点饥饿的滋味……但现在很多80后期的年轻人承受吃苦或承受加班的能力大大不如我们，有可能是因为我们二十几岁时是觉得在为自己干，而他们现在觉得是在给老板干。我一直在说，不要把80后90后的求生欲望给弄没了，不要让竞争的可能性也都没有了，80后新生代现在不能消磨自己的意志，而是要更加努力地去学设计，更好地去生活，好好生活才能好好做设计。END

外婆家南京新百店

THE GRANDMA'S

摄　影	陈乙
资料提供	内建筑设计事务所

地　点	南京新百
面　积	约610m^2
设计团队	内建筑设计事务所
项目主创	沈雷
项目设计	杨国祥、潘宏颖、张炎靖、陈伟
主要材料	钢、木材、麦秸秆板
设计时间	2013年1月
竣工时间	2013年5月

小桥流水人家、古道西风瘦马的记忆只留在梦里，钢筋水泥、高楼霓虹才是蜗牛的窝，都市里的繁华一梦，却又不自觉地回到了外婆的家，不过是为了熟悉的味道、隐隐的想念。

路过外婆家新百店的人也许会因那些依然立着的脚架，讶异于它的“未完工”，试探着走进去却发现新鲜而又熟悉，一点点牵引、填补着记忆的角落。乡愁可以是恍动的影像，可以是妈妈的味道，造型只是包裹的一层皮，纪念那些被野蛮地拆的正在拆的儿时印迹，带刺的涂鸦无声地渲泄。不必追问设计的道理，其实只简单地为了那些母亲牵挂的游子，也为了那些游子牵挂的母亲。耳畔隐约响起了多年前的那个声音：

“假如你先生来自鹿港小镇
请问你是否看见我的爹娘
我家就住在妈祖庙的后面
卖着香火的那家小杂货店
假如你先生来自鹿港小镇
请问你是否看见我的爱人
想当年我离家时她已十八
有一颗善良的心和一卷长发
台北不是我的家　我的家乡没有霓虹灯
鹿港的街道　鹿港的渔村
妈祖庙里烧香的人们
台北不是我的家　我的家乡没有霓虹灯
鹿港的清晨　鹿港的黄昏
徘徊在文明里的人们
假如你先生回到鹿港小镇
请问你是否告诉我的爹娘
台北不是我想像的黄金天堂
都市里没有当初我的梦想
在梦里我再度回到鹿港小镇
庙里膜拜的人们依然虔诚
岁月掩不住爹娘纯朴的笑容
梦中的姑娘依然长发迎空
再度我唱起这首歌　我的歌中和有风雨声
归不得的家园　鹿港的小镇
当年离家的年轻人
台北不是我的家　我的家乡没有霓虹灯
繁荣的都市　过渡的小镇
徘徊在文明里的人们
听说他们挖走了家乡的红砖　砌上了水泥墙
家乡的人们得到他们想要的
却又失去他们拥有的
门上的一块斑驳的木板刻着这么几句话
子子孙孙永保佑　世世代代传香火
啊——鹿港的小镇”

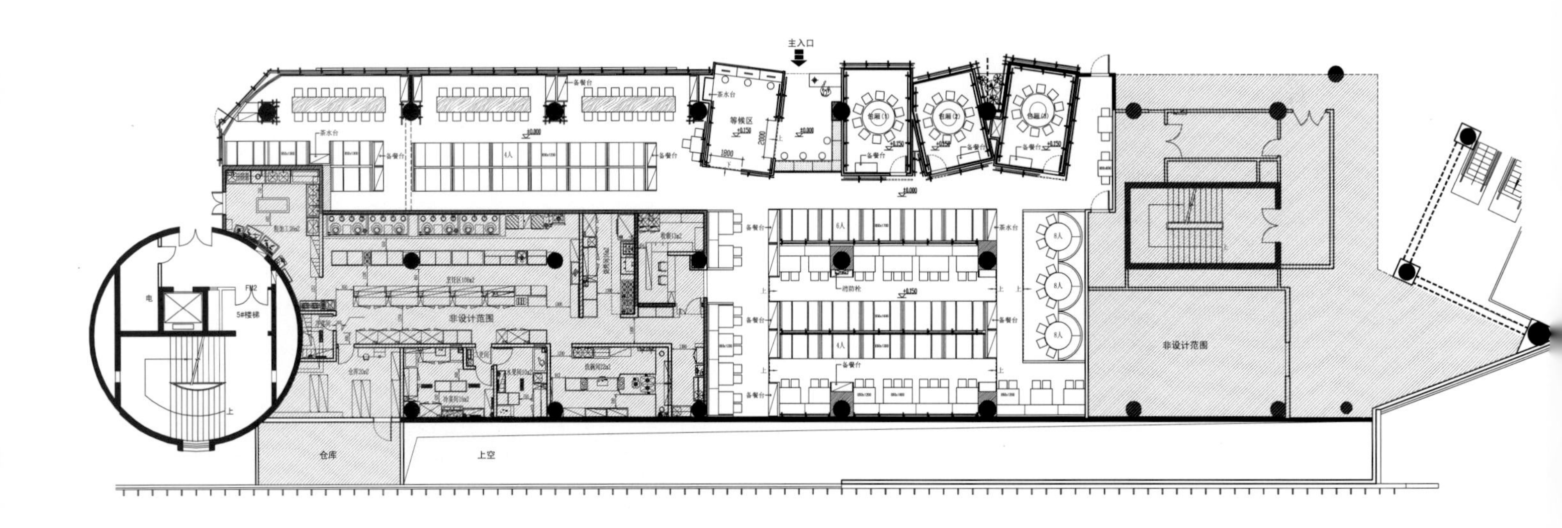

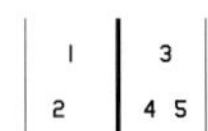

1 平面图
2 外立面
3 霓虹灯与脚手架交错的黑色森林投影洒落，让剪影斑驳，旧旧的脚手架外头，悄悄围起未来的轮廓
4 钢筋、水泥、脚手架也有温柔的一面
5 斑驳怀旧，可能是被时间覆盖上的梦魇

GRANDMA'S

1 | 2 3

1 把灯管关在笼子里，你是否感觉自由
2 怀旧可以是井然有序，也可以是杂乱无章，记忆是模糊的，也可以是清晰的
3 包厢入口，推开门，回到过去

GG&CC 鞋店

GG&CC SHOE STORE

摄　影｜陈乙
资料提供｜内建筑设计事务所

地　点｜杭州
面　积｜约180m²
设计团队｜内建筑设计事务所
项目主创｜沈雷
项目设计｜杨国祥、潘宏颖、雷健、葛建伟
主要材料｜钢、透光亚克力、岗石
设计时间｜2012年9月
竣工时间｜2013年4月

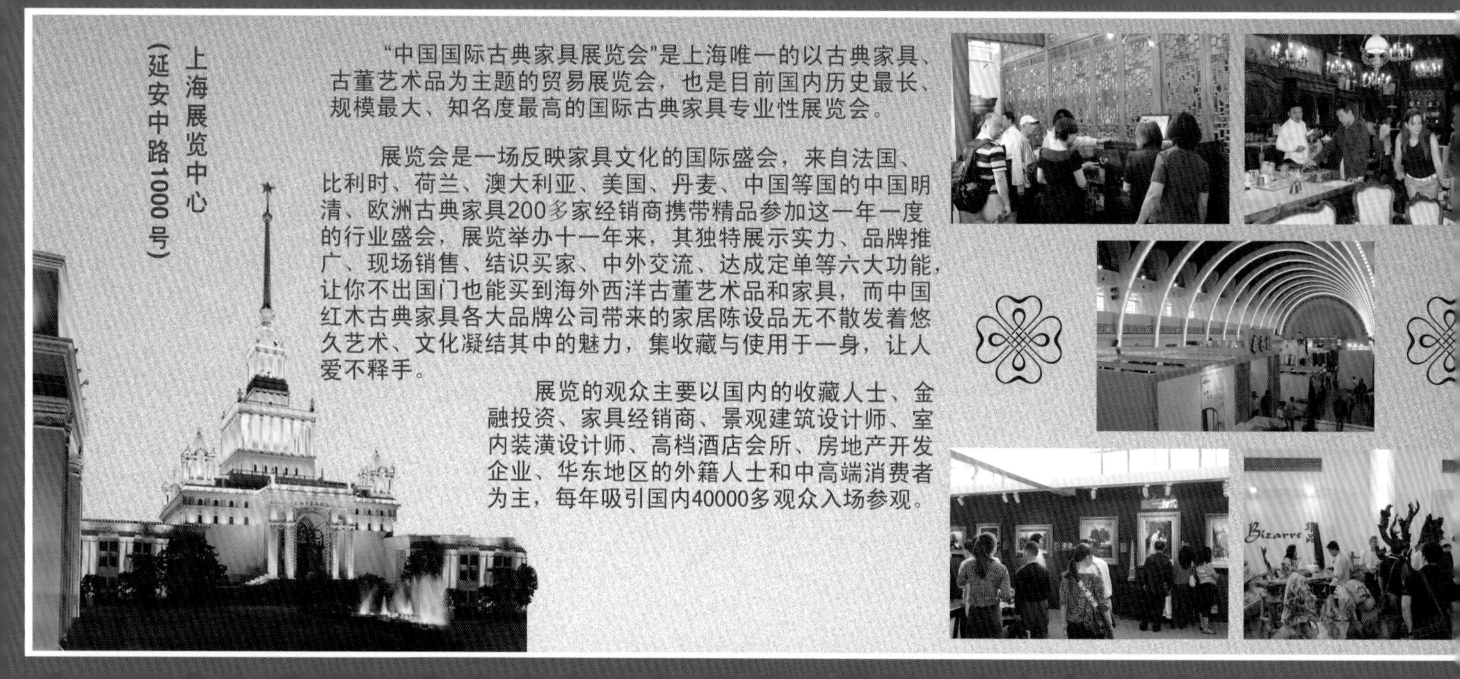

上海展览中心

（延安中路1000号）

“中国国际古典家具展览会”是上海唯一的以古典家具、古董艺术品为主题的贸易展览会，也是目前国内历史最长、规模最大、知名度最高的国际古典家具专业性展览会。

展览会是一场反映家具文化的国际盛会，来自法国、比利时、荷兰、澳大利亚、美国、丹麦、中国等国的中国明清、欧洲古典家具200多家经销商携带精品参加这一年一度的行业盛会，展览举办十一年来，其独特展示实力、品牌推广、现场销售、结识买家、中外交流、达成定单等六大功能，让你不出国门也能买到海外西洋古董艺术品和家具，而中国红木古典家具各大品牌公司带来的家居陈设品无不散发着悠久艺术、文化凝结其中的魅力，集收藏与使用于一身，让人爱不释手。

展览的观众主要以国内的收藏人士、金融投资、家具经销商、景观建筑设计师、室内装潢设计师、高档酒店会所、房地产开发企业、华东地区的外籍人士和中高端消费者为主，每年吸引国内40000多观众入场参观。

鞋从某种意义上来说，是现代时尚的完美产物，时尚成功地将它从一件手工产品转化为对潮流的一种渴望，女性们或多或少都有着无法满足的“鞋子情结”，也许这也是她们喜欢逛鞋店的一个原因。而一间吸引人的鞋店就像是个秀场，风情万种。GG&CC 鞋店就是一处现代、个性、能给人新鲜感受的潮品所在地。简约利落的线条，黑白分明的色调，在光影、虚实的融合中表达着现代的精致与睿丽。

虽然店铺面积不大，却有层高优势可以利用，线条简洁的钢架结构依功能需求将空间划分为上下两层，一层即为鞋品提供展示舞台；二层则主要作为仓储。而楼梯以优雅的姿态承启空间，一侧扶手以凌空、轻盈的楼梯结构走势构建空间立面折线；另一侧扶手则以镂空 LOGO 标示空间属性，成为一道不可忽视的风景。设计意在打破鞋类店铺常规印象，大胆采用黑色为主调，同时利用照明烘托鞋品，渲染空间气氛，赋予空间丰富和神秘的色彩。大块面的黑色墙体与地面使整个空间趋于沉静，也让空间退居背景，将舞台交于陈列主体。白色透光亚克力与白色货架的穿插平衡了黑色的压抑，提升起空间的亮度，赋予空间更令人愉悦的轻松感与节奏感。设计中充分利用间接照明，掌控光线的疏密与变化，化解空间棱角，营造出柔和舒适的购物氛围。END

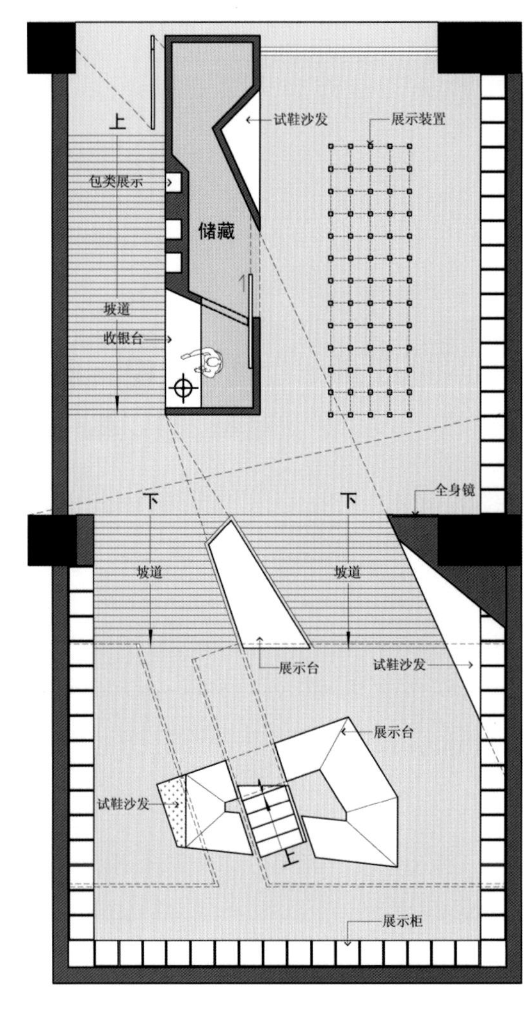

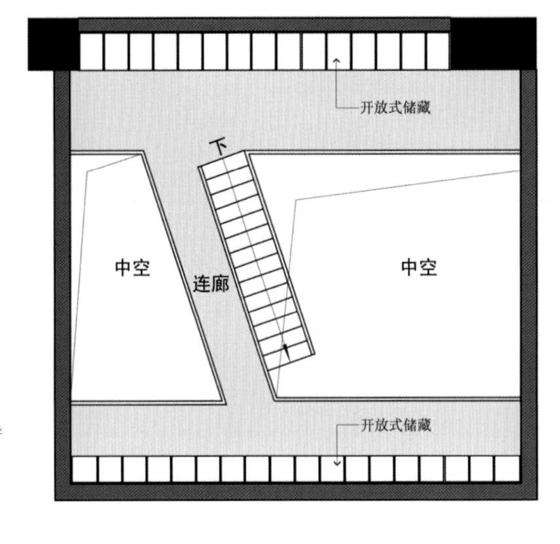

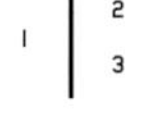

1　店招过后是店内的风景，神秘或是冷酷，因你而异
2　平面图
3　后场展示区与开放的仓库区以轻盈楼梯连接

1	4 5
2 3	6

1 X光片让光有了影子，在影子里，你能看到鞋子的一切
2 地面冒出错落的不锈钢展示架，正如女孩子看到鞋子的心情，蠢蠢欲动
3 墙壁上凿出了座椅，也雕出了灯光
4 悠长的入口通道，营造了神秘感，激起好奇心
5 店铺是男人，鞋子是女人，我给你依靠，你给我温柔
6 二层仓库区列阵的鞋盒子在不经意间也成了风暴

沈立东：沉下心，认真思考每个项目

撰　文 | 川原

ID =《室内设计师》
沈 = 沈立东（上海现代建筑装饰设计研究院有限公司董事长）

ID　80 后新生代人数在您公司占比是多少？

沈　目前，我们的员工总数接近 500，其中有一半以上是 80 后新生代设计师，有个别 90 后设计师也出来了。

ID　他们在您公司扮演的角色是怎样的？

沈　70 后 80 后是我们最关注的。我们招人时会招一些 70 后优秀的主创人员作为主干，70 后基本已经工作了十多年，是很熟练的设计师，已经能比较熟练地掌握所有的设计技巧、设计想法，甚至团队管理，他一下子就能带领一个团队很专业地完成一个大项目；1980 年代初期的年轻人，实际上已经接近 70 后了；1980 年代后期的，甚至刚毕业的 90 后主要从事一些比较低的岗位比如绘图员，这样，团队里就有 70 后 80 后，也有 90 后，便于整个团队和谐，分工明确。

总体来讲，目前 70 后是挑大梁的中坚力量，80 后是次中坚力量和潜在力量，虽然其中也不乏有些比较出类拔萃的 80 后已经能够担当一定设计岗位甚至领导岗位，但 80 后整体还处于成长和学习阶段。我们首先还是要及时发现、挖掘出这些优秀人才，然后慢慢培养，最后让他们上舞台去表演，真正带一些实际项目，他们在实际项目中进步和发展得会更快。

我知道现在市场上，好多 80 后是骨干力量，甚至是领头人。80 后单独去做一些小型项目，没问题，但我们大部分项目比较大型，如果没有经过几个项目的滚爬，没有实实在在十多年的工作经验的积累，绝对没法担当，比如 80 后就根本没法把控 20 万 m^2 的公共建筑，就只能作为助手或以一般设计师身份参与。对于 80 后，现在的重点还是加大培养，再过十年，他们就会变成中坚力量，后期还是很有潜力的。

ID　那您公司对新生代具体都是怎么培养的？

沈　培养 80 后新生代设计师是一个长期工作，是企业发展很重要的一块内容。现在中国的设计教育还没有完全和市场需求相结合，造成了现在刚毕业的学生要通过很长一段时间的带教，才能适应和掌握市场所要求的内容或技能，才能和市场完全结合。另一方面，我觉得也要从多方面去关心他们，因为随着年代、社会的快速发展，80 后的想法和 60 后、70 后有很大区别，我们很多观念也都要改变，带教人或单位要从真正意义上，从学术、自身能力、学习环境等方面都要尽可能营造条件，让 80 后成长得更快。

在员工的培养和发展方面，我们现代设计集团针对人才的不同发展阶段，分别实施了 IDP 计划和“213”人才工程。IDP 计划即“个人发展计划”，主要针对 35 周岁以下的青年员工，特别是年纪特别轻、刚毕业不久的大学生，每个人刚进公司，我们都会建立一张管理档案，针对他们提出的个人需求，我们会去满足或提供一些导师带教、业务培训、工程锻炼等；我们也会提出一些要求，一年过去，我们会看他是否完成，并通过一些奖罚制度来牵制，比如设计人员采用定岗定薪制，分主创设计师、A 岗、B 岗、C 岗、描图员岗等 5 个岗位，不同岗位赋予不同工作职责，每年考核决定其岗位升降。IDP 计划就是将个人成长与企业发展相结合，使年轻员工在符合公司发展总目标的前提下，明确个人发展方向。

“213”人才工程是我们集团着眼长远、迎接挑战的重要举措，即通过 3~5 年的努力，有针对性的规划和培养，在全集团形成由 20 名国内行业知名的技术领衔专家和管理领军人才、100 名上海市行业知名的技术和管理专家、300 名集团优秀技术骨干和管理骨干组成的中高端人才队伍。还有后备人选不断被纳入培养视线，并逐步实施科学化、系统化、个性化的培养措施。虽然“213”这数字有点虚拟，但我们知道，我们发展人才，要有国家级大师、市级大师、集团级大师，要有我们公司自己的人才。

ID　您觉得 80 后跟您这一辈有什么不同吗？

沈　50 后 60 后成长所在的时代，中国还处在初步发展阶段。我们当时读大学时，没有 BP 机、没有手机、没有电子游戏，彩色复印更没看到过，大学里面的黑白复印也很贵，所以我们这一代设计师，能沉下心来学点东西，更多是在不断修炼自己，打的功底比较扎实，所以很稳得住，50 后 60 后现在都有很多想法，都很理性。

但随着年代变化，社会开放程度变大、经济条件变好，70 后 80 后的设计师就慢慢开始变了，浮夸浮躁的风气慢慢大了起来，他们会片面追求形式美、追求形式的模仿和抄袭、追求简单的材料堆砌……这些都太容易做到了，而且他们模仿抄袭设计、甚至做出来都一模一样的时候都还不难为情。他们都没有真正去研究一些哲学领域或美学领域，但比如琚宾，他也是 70 后的年轻设计师，他就会考虑得很深，如果 70 后 80 后的设计师都能像琚宾一样沉下心来考虑一些问题，然后运用到设计实践中，这种精神就难能可贵。我觉得随着社会进步、人的素质的提高，这方面可能会慢慢改变。

ID　那您对 80 后新生代设计师有什么期许吗？

沈　多静少动，多心静一点，少冲动一点。我觉得目前 80 后最大的一个薄弱点，可能也是因为大部分是独生子女，社会、家境、从小的教育都可能让他们有些个性，这种个性很普遍性的表现是比较容易激动，如果干得不开心了，容易随意跳槽，对企业的忠诚度不够；很多时候都没有三思而后行，不能沉下心静下心来去思考一些问题，去真正领会一些人生哲学。

还有，80 后在学校里接受的教育，有可能还没跟市场接轨，工作以后就还需要不断为自己创造一些学习和交流的条件，开放心态和外面交流，通过交流，就可以看到中国乃至国际社会的整个设计潮流是怎么回事，如果不交流，而是闭关学习，到后面也会偏道的。但我觉得在这方面，80 后其实做得蛮好的，很多 80 后会参加学术论坛、参观建筑展，甚至参加世界性的设计竞赛，他们接触的面很广、接触的国外信息也很广；他们也都蛮实在的，他知道如果要做设计，要在这个社会上有发言权或一席之地，就只能靠自己不断努力、不断学习、不断提升，80 后新生代设计师在这方面还是有追求的。到最后，我还是希望 80 后能沉下心来，认认真真地思考每个项目，这是最关键的。END

上海轨道交通11号线北段一期工程车站装修设计

LINE II OF SHANGHAI METRO STATION

撰　　文　马凌颖
摄　　影　王婷、侯晋、刘荣
资料提供　上海现代建筑装饰环境设计研究院有限公司

地　　点　嘉定北、安亭——江苏路
面　　积　约100 000m²
装修总体　马凌颖
设计团队　马凌颖、侯晋、曹兰兰、杨扬、刘嘉侃
设计时间　2008年5月~2009年3月
竣工时间　2009年12月

设计是沟通、是传达、是理性与感性的结合；设计需要灵感迸发，更需要经验的积累。每次设计都是个探索的过程，会有收获，也会有遗憾，但一定是自我完善的过程。

——马凌颖（出生于1979年，毕业于无锡轻工大学环境艺术设计专业）

11号线北段一期工程全长约44.5km，共设20座车站。主线从嘉定北站至江苏路站，线路长约31.7km，共设16座车站，其中地下站10座、高架站6座；支线从嘉定新城站至安亭站，线路长约12.8km，设4座车站，其中地下站1座、地面站1座、高架站2座。

11号线车站室内设计从上海地铁网络化设计角度出发，整条线路上的车站设计形成整体，从而构成上海地铁网络的分支。“一线一景、站站识别、特色集中、景景相连”成为设计的主旨。色彩上，通过线路识别色的运用及对整体色彩的控制，使各车站具有很强的连贯性和整体性。材料上，统一模数的运用加强了地铁网络化的识别，同时满足轨道交通高效率、工厂化装配式的要求。简洁、明快的设计，反映了上海交通建筑的特点。在各个车站设立的有地域文化特点的主题墙，则将艺术人文与导向标识很好地融合，站站相连，形成11号线的一套“名片”、一道风景，突出了“城市风景线”的主题。

标准车站设计采用标准化设计，简洁、统一，并积极推广新工艺新材料，预制水磨石、无机涂装板、铝合金U形挂片得到广泛运用，经济、环保、易维护。高架站注重设备设施的整合：实时查询信息柱、乘客导向信息带等特殊设计将电子信息设备与导向设施很好地结合，使其更加人性化，同时也使建筑空间更整体。重点站强调特征性，在总体色调全线统一的前提下，通过对造型的塑造营造不同的空间效果，具有更强的识别性，可调动更高的视觉兴奋度。

值一提的是，除了各站设置的主题墙外，在11号线与13号线交汇的隆德路车站，结合建筑穹顶空间，由艺术家特别设计的题为“天籁”的抽象艺术装饰，体现出苏州河的源远流长及新上海的变幻与灵动，这将成为上海地铁网络中继人民广场后又一新的景观节点。

1 高架标准站
2 标准站站厅
3 隆德路站
4 真如站

上海船舶研究设计院

SHANGHAI MERCHANT SHIP DESIGN & RESEARCH INSTITUTE

摄　影｜胡文杰（渡影传播）
资料提供｜上海现代建筑装饰环境设计研究院有限公司

地　点｜上海市浦东新区祖冲之路2633号
建筑面积｜17 083m^2
设计主创｜江涛（建筑外立面、室内方案设计、方案深化控制、现场施工配合协调等）
设计时间｜2009年8月~2011年10月
竣工时间｜2012年3月

1 | 2 | 3

1 建筑西南立面
2 钢结构雨棚
3 大堂入口出挑区

博观约取，厚积薄发。

——江涛（出生于1985年，毕业于景德镇陶瓷学院环境艺术设计专业）

水善利万物而不争，水对以船舶设计为背景的企业来说尤为重要，综观人类征服自然的演进史，船的出现体现着人类对水的依赖，船的发展体现着人类对水的征服，船舶的伟大更在于它帮助人类征服了占地球表面积70%的广袤水域，这和上海船舶研究设计院注重研发、开拓进取的企业精神相契合。同时，在中国的传统文化中，水为聚财之物，自古便有“肥水不流外人田”等依水招福纳祥的吉意。因此上海船舶研究设计院浦东中试基地新大楼与水既有着密不可分的社会属性关系，又通过水元素与中国传统文化相契合，外立面方案亮点即由水元素得来。

外立面方案中，在西南侧消防楼梯一处增加“体积水”景观构件，注重强调纵向线条（柱）而使建筑更具挺拔感，以及高耸的塔楼，都使人在远观大楼时都能感觉到其强烈的标识性，同时丰富的色彩及纹案也打破了原大楼沉稳的风格。建筑门头采用钢构架玻璃天棚形式营造出通透宽敞的室内空间，扩大使用面积的同时，也利用曲线美让人近观大楼时留有深刻印象。

外形刚毅冷峻的科研大楼，内部空间却充满关怀与温暖，其室内设计始终在营造着舒适、恬淡的空间氛围，主要材质更多运用暖色调或几何形体，增强建筑空间的亲和力；同时不失时机地在一些室内细节处创造幽默与欢快，让科研单位不那么冰冷沉闷，如大堂及楼层前台、卫生间台盆、茶水间清洗岛、电梯厅地坪指示处理等，均注重运用简单而清晰的几何形体将这些点刻画得有趣而生动，这需要设计营造者对材质的特性与观感有独特了解与领悟。

室内光环境的营造也独具匠心，设计师有意将公共区域（走道等）的灯光与其他设备集合在设备带中，不影响功能的同时尽量将顶部造型整体化。一些灯具也进行了重新设计与调整，如食堂区域的照明方式，食堂空间层高条件好，因此将灯光层与吊顶层分离，既丰富了空间层次感，又增强了空间序列感。开敞办公区域也是如此，为增强船舶设计师工作组的区域性，并更好满足灯光分区控制，将开敞办公区域的灯设计为十组环形，使其更具时尚感，且当夜晚来临，在室外的人能明显看到环形灯具组串，建筑立面效果也更为丰富。

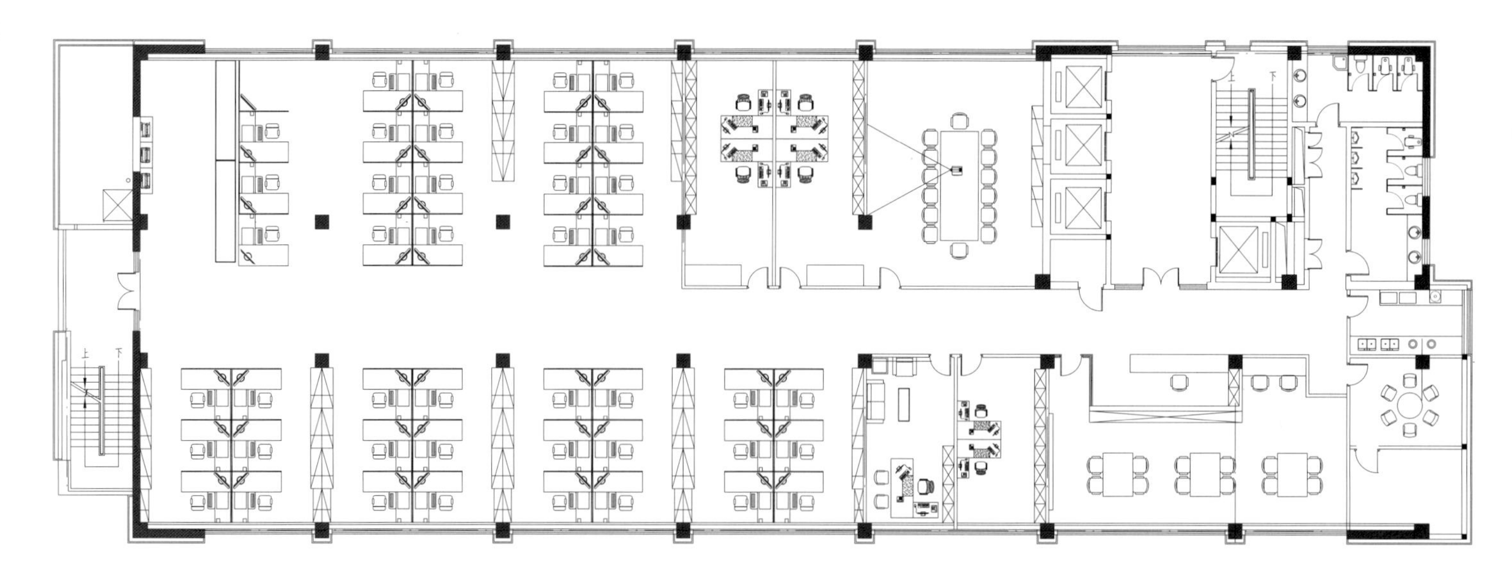

1 / 2 4 / 3	5 6 / 7 8 / 9

1 标准层平面图
2-3 会务接待层展示长廊
4 管理层公共走道
5-6 地下一层下沉庭院
7 茶水区
8 地下一层员工餐厅
9 标准层开敞办公区

铜仁路333号“绿房子”改造设计

THE 'GREEN HOUSE' RENOVATION DESIGN, NO. 333, TONGREN ROAD

资料提供 | 上海现代建筑装饰环境设计研究院有限公司

地　　点 | 上海市静安区铜仁路333号
建筑面积 | 1 689m²
设计主创 | 江涛（室内方案设计、方案深化控制、现场施工配合、协调等）
设计时间 | 2011年5月至今
竣工时间 | 正施工中，预计于2013年11月竣工

北京西路铜仁路交界处，门牌号333号，一幢4层楼高的绿色弧形建筑，外观如一艘邮轮。隔着马路远远望去，四周叠起的摩天新建筑非但没令她有落伍老土之感，也掩盖不住她的清华之气，一簇簇面目模糊划一的城市建筑反而衬出她几分自恋的孤寂，犹如烟花翠绿都市中一抹苏堤柳荫。老上海，惯称其为“绿房子”。

铜仁路333号于1938年始建时为颜料商吴同文住宅，由上海近代著名建筑师邬达克（Ladislaus Edward Hudec）设计；1978年之前曾由上海教育局使用；1978年划归上海市规划设计研究院；2003年被台湾商人租赁，产权仍归上海市规划设计研究院。其建筑设计反映了邬达克晚期建筑设计向现代主义成功蜕变的过程——采用平屋面，外立面形式简洁优美；从功能角度出发，室内布局紧凑，灵活运用自由曲线组织复杂空间、分区和流线……铜仁路333号也代表了近代上海建筑思潮的演变过程，具有时代精神和重要历史文化价值。如今老宅将重获新生，创意改变生活，也改变着一座老宅。

建筑中绿色的大面积运用是“绿房子”得名的原因。绿色元素在建筑改造设计中的延续及强调是尊重建筑秉性、继承历史文脉的体现。绿色和白色的组合带来明快与活力；绿色与深色的组合给人以沉稳、独特、低调奢华的感受。

曲线是“绿房子”又一重要特征。室内改造设计，延续了对曲线形式的运用，在室内、家具设计等方面融入曲线元素，巧妙地处理空间分隔与连续的关系，营造统一、和谐的空间感受，使建筑内外呼应、协调，给人以动感、流畅、高雅的感受。

原建筑的木地板体现了木质线状肌理，砖体现了石质块状肌理，这些肌理反映了建筑的历史积淀。改造设计中使用的现代表现手法使原有建筑的线状与块状肌理得到了延续。改造在继承建筑历史的同时，也体现了建筑师设计伊始“跨越时代”的现代建筑设计精神。END

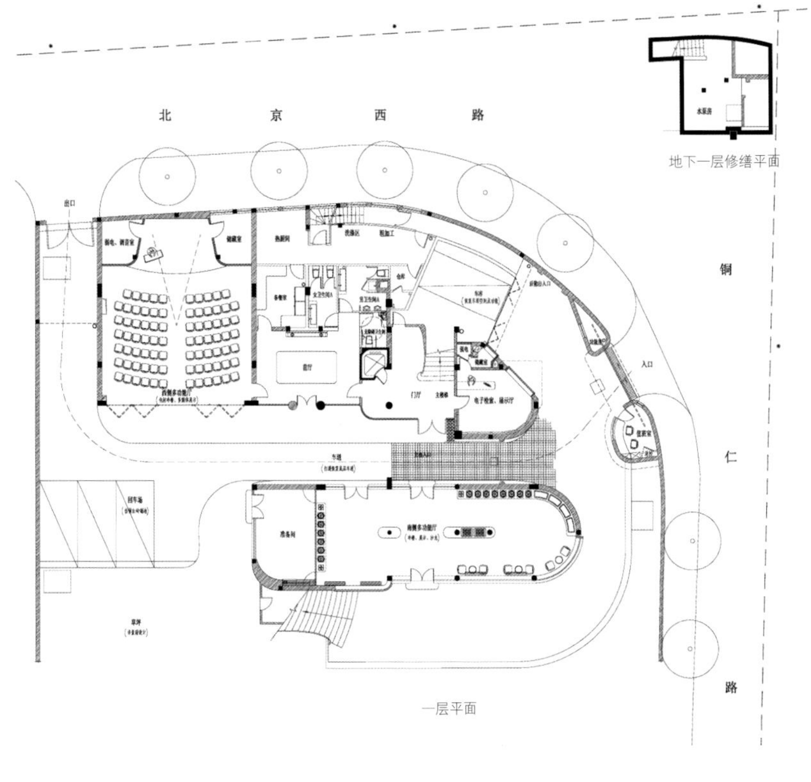

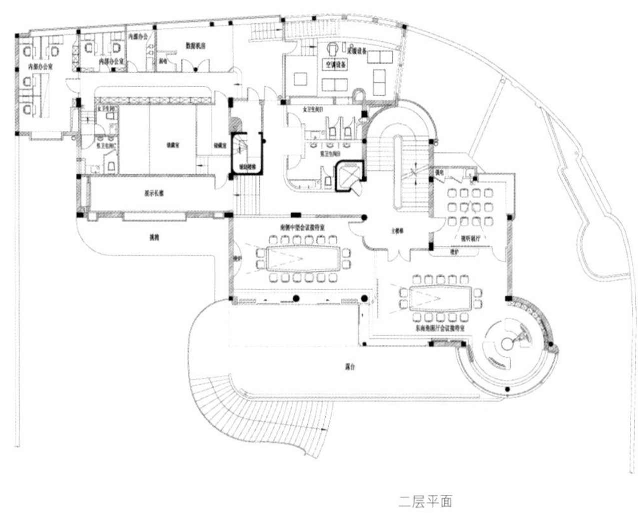

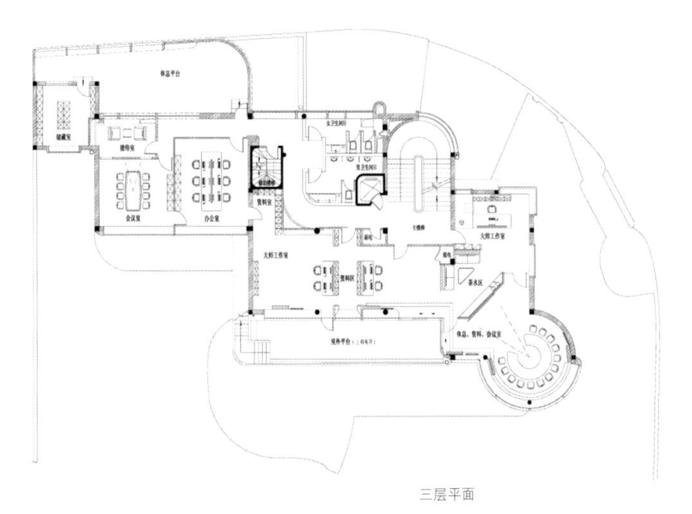

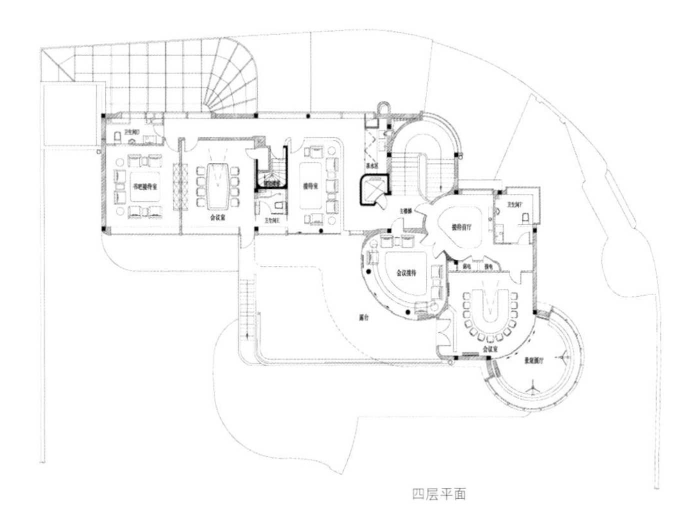

1	2 3

1　二层南侧会议室效果图，原住宅餐厅，留有历史遗留的装饰壁炉，窄木拼花地板，该区域南侧为室外露台，光照条件极佳

2　平面图

3　一层入口门厅效果图，该区域为重点保护区域，墙面洞石、地面石材、电梯均为原始物件

1 2 3	4 5 6

1 一层南侧多功能厅效果图，原老宅弹子房，改造后为展览展示及多功能厅
2 一层西侧多功能厅效果图，原为吴同文住宅舞厅，地面为弹簧地板工艺，空间层高条件好，顶部结构层次丰富
3 三层创意工作室效果图，新的创意工作室形成开敞空间，结合原建筑平面布局，进行新的功能划分与定位，让老宅符合当今的使用需求
4 三层创意工作室入口效果图，曲径通幽、意蕴悠远，该长廊的设计旨在保护原宅中卫生间区域的意蕴，玻璃砖、水磨石地坪等细处令人回味
5 三层创意工作室会议区效果图，吴同文住宅的亮点在于东南角圆厅，利用三层圆厅的空间特点将圆桌会议设置于此，古为今用
6 四层接待室效果图，接待室较好地保留了户型落地窗、窄木地板、地暖盖板等当年的风貌，是改造后高级别接待的主要区域

王琼：原创精神及科学设计方法是成就优秀设计师的关键

撰　文 | 川原

ID =《室内设计师》

王 = 王琼（金螳螂设计研究院院长）

ID　在金螳螂设计研究院，80后设计师人数所占比例是多少？

王 大概占81.45%，约有1 960多人，HBA的不算在内。从来源上，目前设计师来自全国各地，但近几年招应届生比例在下降，更多是需要有一定经验的。从学历上，专科本科硕士都有，1980年代后期出生的人中会多一些海归。另外，我们前两年酒店设计量偏多，女性天生对色彩及质地等敏感度可能更高，就在酒店的艺术设计中承担了更多角色。

ID　他们担当的角色是怎样的？

王 他们现在是设计团队的主要力量。如果是1980年代前期出生的孩子，一般有十多年相对丰富的工作经验，也已经成长起来，可作为主案，算主力军，比如我现在几个重要助手基本是80后，都参与过国际高标准项目，都是所长级或独立项目负责人。1980年代后期的，一般都已经有3~5年工作经验，也正慢慢成熟，做一些辅案之类。

ID 您对这些新生代设计师具体是怎么培养的？

王 每个人情况不一样，培养方法就不一样。比如我工作室的一所所长谢峰，刚进公司时画CAD较快，我给他设定的发展路径，一是做好自身主要工作如经常下工地、了解全部CAD制图及工艺构造等。二是他虽然工科较好，但艺术修养弱，教育程度也较弱，专科毕业，就着重要加强美学修养，通过讨论、参观、国外短期轮训等开拓眼界、辨别好坏；加强动手能力，如从做方案前期调研开始，选择调研路径，从大量数据中判断优化提取，然后动手画草图，再画CAD，从手到电脑，慢慢就学会对图形的控制。他从施工图入手，随着经验提升，辅助性地参与一些方案，然后成为方案主要设计师之一，最后慢慢发展成项目负责人。

我工作室二所负责人赵胜波，2008年硕士毕业后，因为学校较好，学位也较高，他自我感觉就较好，培养重点就不一样。因为学校教育都是不落地的，我让他首先下工地，他到工地就会发现设计是要落在实处、要受控，会发现他自己设计中的很多问题，然后我们再共同商量解决。让他们在深化设计中，注重工程可行性问题的解决，是我派他们到工地的主要原因。在工地每天都会遇到各种各样的问题，如何去解决这些问题，是很锻炼人的。

还有一个叫惠炜，1980年出生的，是我们学校艺术学院的毕业生。他艺术美学底子还蛮好，我就加强他在工科方面能力的锻炼，弥补逻辑分析能力上的缺陷。

对于这些80后设计师，我都是进行互补性培养，我会在一些活动中让他们磨合，产生相互认知甚至敬仰，取长补短，产生非常真诚的合作，这种团队气氛非常好。通过几年锻炼，他们也都在不断进步。

ID　金螳螂收购HBA，对你们设计团队的培养有什么影响吗？

王 虽然HBA还是独立营运，但HBA在设计行业极其专业，跟他们的合作平台机制直接把我们放到了一个高平台，让我们重新认识和思索自己，比开学术会议等被动培训更能让我们迅速提高。他们的成熟设计师最起码已经从事二三十年专业酒店设计；酒店设计不光有空间设计师，还专门配备艺术设计师，人员结构非常专业合理，尤其是他们的图库建设、资源共享、游戏规则制定、成本划算等都非常合理，很量化。

最重要的是，西方人的原创精神太值得中国人学习了。他们追求的是独立思考，所有的设计必须要有完整的路径。首先"师法自然"，从自然形态中感悟，得到启迪，然后慢慢演变为基本形态；其次对这些基本形态进行推演，逐步衍生出完整的设计体系。只有这样的路径，才能保证设计的原创性。国内很多设计师追求的是"短、平、快"，奉行的是"拿来主义"，随便拿两张图搬来搬去，总归在哪里似曾相见，我认为最主要是因为我们有思维惰性，原创要花很多精力，很痛苦也很纠结，说得严重一点，是不会原创。HBA更加触动了我们对原创性的饥渴。

实际上，国内真正的高端酒店项目基本被国外设计公司垄断，据我了解，境外管理公司认可的大陆设计师没几个人，我从香格里拉的客房改造设计开始做起，做了二十多年，才有资格做香格里拉的B级项目，因为他们对设计师的资格和经验各方面都要慢慢认可，他们认可的是真正原创性的概念和方案，而施工图深化在他们看来只是设计后续工作之一而已，所以境内很多设计师说做了很多国际大牌酒店，基本不是真话。从专业性来讲，国内设计师跟HBA差距显然非常大。

ID 跟您同辈相比，您觉得80后具有哪些特质？

王 首先，80后这些孩子，对电脑技能或新鲜事物的接受和反应速度很快，接触的信息量和渠道要比我们那时多得多，知识面相对宽，电脑的确对传统设计及其教育方式产生了革命性影响。但从另一角度看，80后用熟练SketchUp等软件以后，就懒得动手画；50后60后却正因为不过度依赖电脑，而继续使用徒手绘制等传统设计方式，更能锻炼动手能力、综合协调性，更能锻炼大脑对空间的分析理解力，解决问题时更具深度和广度，所以各有利弊。

另外，80后修养相对薄弱，学科跨界综合能力、设计出的产品对人的关注度和体验性都稍弱。也不像我们因为年代原因插过队吃过苦，80后有些人耐力和抗击打能力也都稍弱，设计刚开始时很亢奋，充满发散性浪漫思维，但在沿着路径不断深化、优化以及反复推翻、修正、调整、建立设计的纠结过程中，就体现出他们缺少点在解决问题上的耐力和能力，解决问题的途径相对单一。

某种程度上，80后出生时正赶上国家独生子女出生高峰，所以相对更自我或偏自私，缺少合作精神；但团队成员在一个共同平台中的分工、协作、并进、探讨、沟通……是设计活动必不可少的方法，所以我们也经常跟他们提到这点，他们通过不断磨练自己，还是能解决一部分问题。不过80后之间也有一定差异性。

无论怎么讲，我们现在最重点培养的方向还是让他们有一个好的方法论，有原创精神和思维锻炼，尽可能去除应试教育弊病造成的影响，尤其是"抄、搬、拼、凑"这种缺乏原创精神的思维惰性，这是我们几代人共同要面对的问题。无论哪个年代，要保证设计健康发展，原创性都很重要。

ID 您对80后设计师有何期许？

王 第一是挑大梁。第二是主动去面对一些更高端的挑战。第三是作为项目负责人，带好团队，完善项目管理，承上启下。第四是迅速成长为有责任感和职业操守的设计师，不要太拜金，不要骗钱，国内设计费其实不低，但他们给业主付出的敬业和专业度都不够。第五，具有原创精神，推动形成中国科学的设计方法，这是衡量他们能否成为优秀设计师的关键之处；同时不断加强修养，并锤炼各方面基本技能，设计其实是精神的物化，精神层面有一定高度和宽度，才可能把形而下的东西做得更好。事实上，在培养过程中，有些期许已经成为现实了，希望他们能再接再厉，努力做好设计，尽早实现对我们的超越。END

常州香格里拉大酒店

SHANGRI-LA HOTEL, CHANGZHOU

摄　　影 | 潘宇峰
资料提供 | 苏州金螳螂建筑装饰股份有限公司王琼设计工作室

地　　点 | 江苏省常州市武进高新技术产业开发区西湖路2号
建筑面积 | 总面积53 326m²，前场设计面积37 210m²
设　　计 | 苏州金螳螂建筑装饰股份有限公司王琼设计工作室
设计团队 | 王琼、倪苏宁、赵胜波（副项目负责人）、惠炜（区域负责人）、谢峰、王方元、蒋锋、陈尔、解政治等
主要材料 | 石材、玫瑰金不锈钢、木饰面、硬包、水晶、茶镜、墙纸、地毯等
设计时间 | 2009年5月~2011年9月
竣工时间 | 2012年10月

设计的本质是为人服务，室内设计师的工作是在满足功能的前提下，创造出有格调和品位的装饰空间。功能是形式和格调的基础。设计的品质，不仅在于空间和界面，更体现在设计细节中。

——赵胜波（出生于1981年，本科毕业于北华大学木材科学与工程专业家具设计和室内装饰工程方向、硕士毕业于南京林业大学设计艺术学专业）

与香格里拉的这次亲密接触，是一个既痛苦又过瘾的漫长过程。

——惠炜（出生于1980年，毕业于苏州大学环境艺术设计专业）

常州，别称龙城，吴越文化源远流长，旅游资源丰富。位于常州武进区的淹城，是我国目前西周到春秋时期保存下来的最古老的城市区，独有的三城三河形制的古城，面积约1km²，迄今已有将近3000年的历史。

常州香格里拉大酒店选址于常州市武进区，酒店拥有350间客房，中餐厅、全日制西餐厅、日餐厅、酒吧、大堂酒廊、餐厅贵宾包厢和多功能厅，以及一个可容纳千人的豪华大宴会厅，7间多功能会议室，还有设施齐全的康乐和水疗中心等。

在进行设计之初，我们充分考虑和挖掘酒店所在地的文化脉络，将之转化为酒店室内设计的元素和科学路径，再与香格里拉酒店的设计标准和理念相结合，打造出既现代国际又传统优雅的特色酒店空间。淹城的三城三河图形，龙形，城墙砖，水等元素是我们设计的源泉。

大堂是酒店的灵魂，是聚合分散之所。此空间的难点是7排14根建筑结构柱。我们充分应用淹城的三城三河图形，使用向心的空间造型，通过顶、地、墙的配合，营造出了一个极具冲击力的聚合的大堂接待和等待空间。大堂水晶灯也暗合此向心的三个圆形，并进行了拉伸变形，配合其下方鲜艳的花台，给人独特自然与技术之美。接待台背后使用具有常州特色的青绿山水的立体乱针刺绣艺术品，大堂休息区背后使用金属折出抽象的龙形，暗合龙城的寓意。大堂地面使用根据古城墙模数拉伸演变的图案，并将此模数解构、拉伸，扩展到墙面硬包金属条模数和顶面造型的分割模数。

大堂吧是大堂的空间延伸和扩展，设计语言也是相通的。大堂酒廊的落地玻璃窗坐拥溪湖美景，再配上10m高的共享空间，是最理想的休闲场所。大堂吧地面沿用大堂中心地毯的蓝色和紫色，再配以自然的卷草图案，让人感受到雅致温馨的氛围。大堂吧左侧是结合了传统与现代气息的水吧台，提供和展示当地的美味茶饮，最右侧是钢琴台和乐手表演台，让人一边享用精选茶茗和鸡尾酒，一边在悦耳的音乐中欣赏溪湖美景，实乃赏心乐事也。

龙城咖啡西餐厅全天营业，拥有7个别致的现场烹饪台，台上排烟罩外使用透光树木枝形图案，再结合斧剁石材荒料、本色的木饰面、土黄色渐变带花草纹的地毯，营造了自然、温馨、舒适的用餐氛围，自然光透过

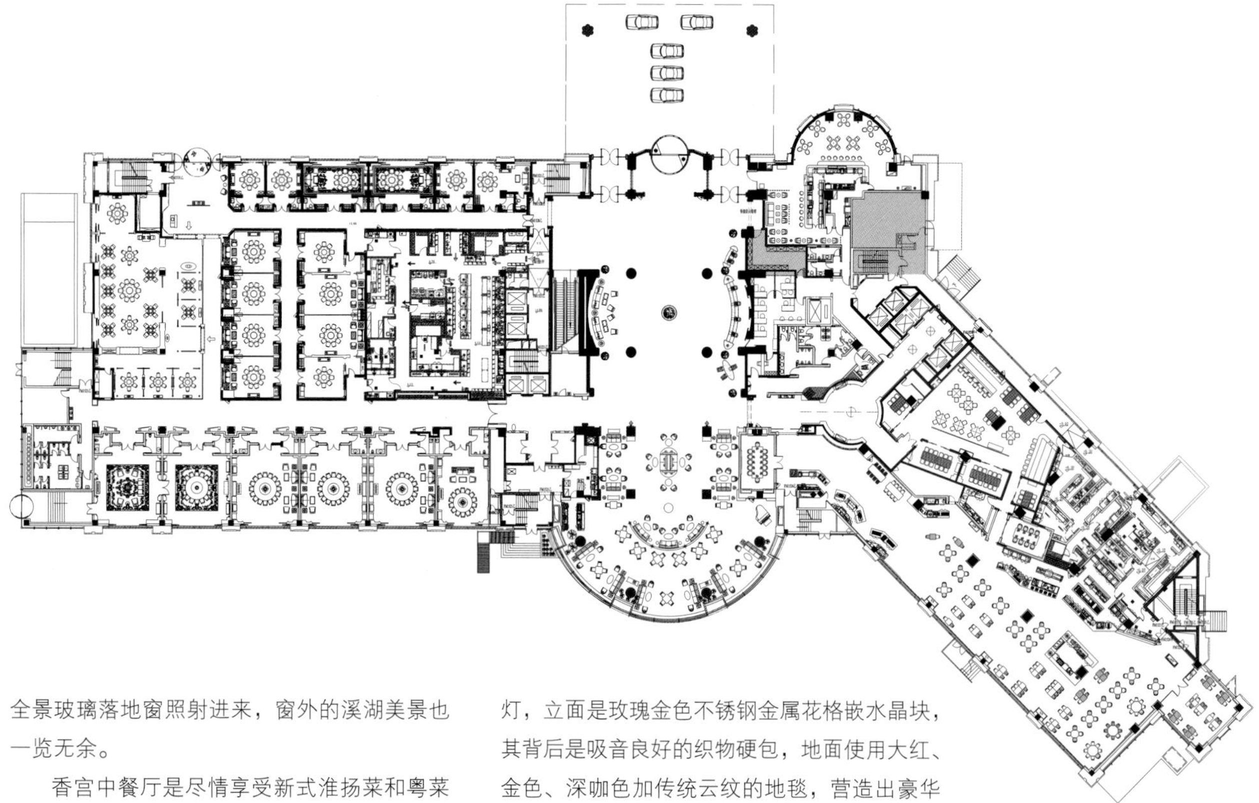

全景玻璃落地窗照射进来，窗外的溪湖美景也一览无余。

香宫中餐厅是尽情享受新式淮扬菜和粤菜的理想场所。88座的零点宴会厅和19间私人包厢为客人提供了私人活动和庆祝的空间。中餐厅以经典的东方传统风格为主，通过石材、木饰面花格、金属、织物硬包、地毯等材料，打造了各具各色的美味空间。

层高9m的无柱式宴会厅，面积达1 530m^2，可以举办多达1 080人的宴会或者容纳1 350人的会议。它可通过两道移门隔断来分隔为3个独立的多功能厅。大宴会厅内西侧设置了巨型嵌入式LED屏和汽车出入平台，可满足不同的功能需求。宴会厅顶面采用6个大型的水晶吊灯，立面是玫瑰金色不锈钢金属花格嵌水晶块，其背后是吸音良好的织物硬包，地面使用大红、金色、深咖色加传统云纹的地毯，营造出豪华富贵的空间氛围。

350间香格里拉豪华客房面积从45m^2~225m^{2}不等，房间内全部使用全景式落地窗，在此可享受美丽的湖景和靓丽的城市风光。通过运用浅色木饰面、玫瑰金不锈钢、米色墙纸、渐变的地毯等形成了温馨舒适的休憩空间。

总的来说，常州香格里拉大酒店是我们在充分挖掘当地历史文化的基础上，通过现代化的设计手法，运用多种材料，打造出的独特、自然、轻松的，现代而又国际化的五星级豪华酒店。

1 一层平面
2 大堂全景
3 豪华阁客房走道
4 龙城咖啡厅
5 香宫中餐零点厅
6 会议走道

常州武进九洲喜来登酒店

SHERATON CHANGZHOU WUJIN HOTEL

资料提供 | 苏州金螳螂建筑装饰股份有限公司王琼设计工作室

地　点 | 江苏省常州市武进区延政西大道1号，距常州市中心8.14 km
建筑面积 | 约62 535m²，拥有317间客房和风景优美的花园
设　计 | 苏州金螳螂建筑装饰股份有限公司王琼设计工作室
项目负责 | 谢峰
主要材料 | 石材、木饰面、铜艺花格、地毯、壁纸、玻璃镜面等
设计时间 | 2009年10月
竣工时间 | 2011年11月

1 大堂吧
2-3 大堂

一个好的室内设计师必须是一个杂家，是综合型的全能选手，要具有较好的艺术素养、艺术创造能力、建筑学的专业知识及施工工艺技术的综合能力。

——谢峰（出生于1980年，大专毕业于常州市职工大学、本科毕业于上海同济大学工程管理专业）

本酒店室内设计遵循建筑整体设计风格，与建筑、规划、景观协调，以新古典主义为主要手法，强调其中轴对称、恢弘、大气的特点，同时有机地融入地域文化，在经典和贵族气息中与地域文化进行混搭。新古典主义手法以吸取古典建筑传统图案为特点，比例严谨工整，造型简洁轻快，偶有花式，但不用柱式，以传神代替形似，反映出庄重典雅的精神。本酒店建筑尺度大，层高、柱距都超过了一般酒店，因此特别适用新古典主义。

融合——成功的酒店设计不仅是满足其功能需要，更重要是在设计中融合地域文化。地域文化是酒店的灵魂，酒店的地域文化性越来越受到业主、管理公司，特别是酒店客人的认同，创造独具特色的地域文化性酒店将成为酒店品牌优势的基础。地域文化的附着主要是通过明喻和暗喻来实现的，和设计中的流线、功能、形态、色彩、肌理等方面不一样，地域文化无法用具体的数字、图画或实际物体来表现，它是附着在实际物体之上的，是人们看到这些物体所能感受到的一些心灵触动，即刘勰所言“物色之动，心亦摇焉”，如大堂区域由常州市花月季演化而来的花格片纹。

混搭——当下最流行的时尚语言，起于服装界，后逐渐盛行于室内装饰界。混搭不等于混乱，它最求风格的融合协调与材料的合理搭配，对设计师的审美情趣和空间整体把握能力有很高要求。本酒店设计首先最求的是一种中西元素的混搭，以简化的西方古典为基本语言，混以各种中式手法与中式元素，运用具有历史沉淀的形象语言，塑造出经典、尊贵、高雅的酒店格调；其次是不同特性材质的混搭，每一种材质都搭出一定的寓意；还有就是设计语言的混搭，大空间与小空间的交替出现，刚性的直线与柔性的曲线兼而有之，理性的蒙德里安式的冷构成与感性的康定斯基式的热构成混合运用等。

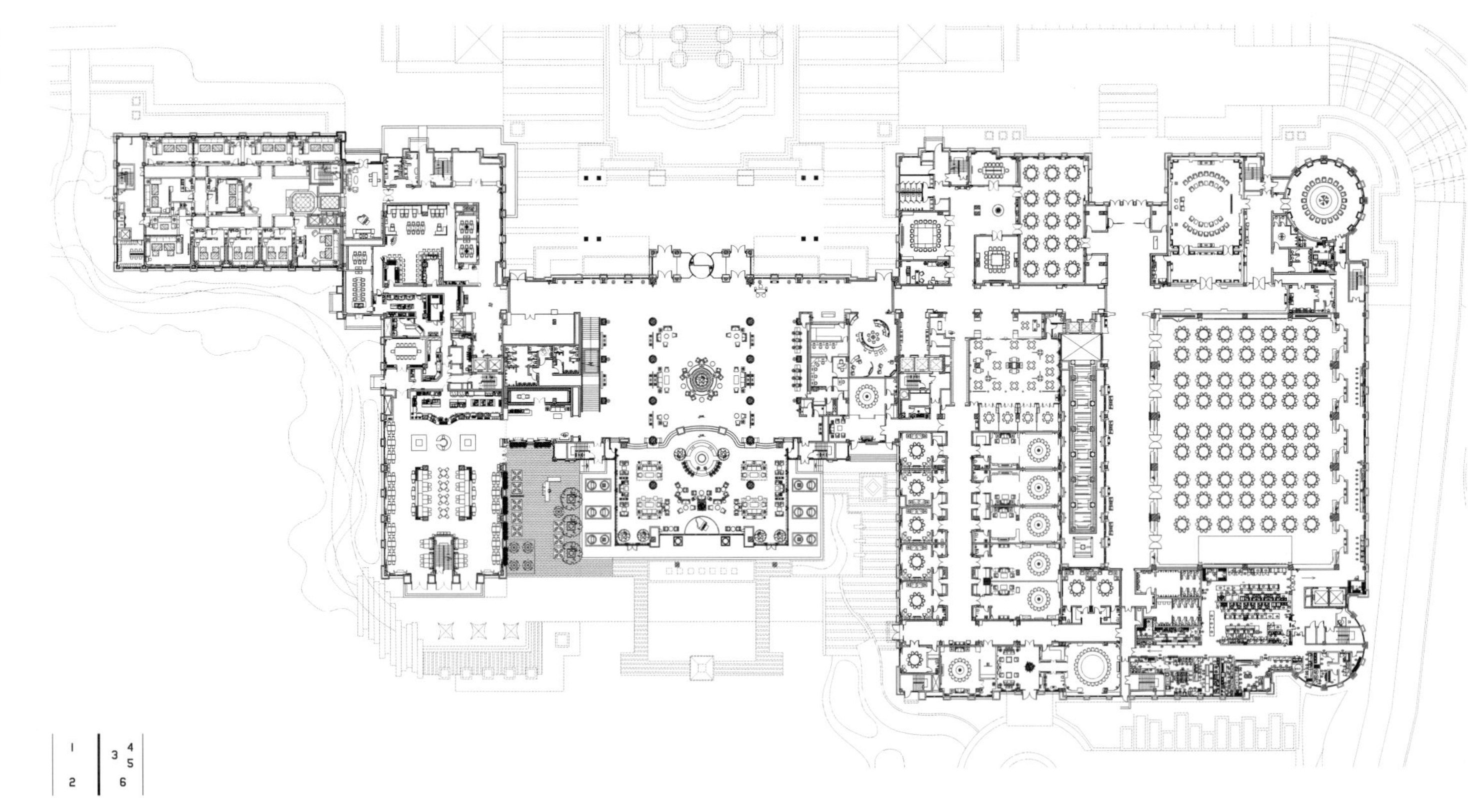

| 1 2 | 3 4 5 6 |

1 一层平面
2 酒窖
3-4 日本餐厅
5 零点餐厅
6 包厢

太湖黄金水岸 28 号别墅室内设计

LAKE KING

资料提供 | 苏州金螳螂建筑装饰股份有限公司王琼设计工作室

地　　点 | 苏州吴中区太湖大道
建筑面积 | 1 263.13m²，其中地下面积312.109m²
花园面积 | 约3 000m²
设计团队 | 王琼（设计负责人）、邹桂兵（项目负责人）、卢晓晖、冯琛琛
设计时间 | 2012年2月~2012年5月
竣工时间 | 正施工中，竣工时间待定

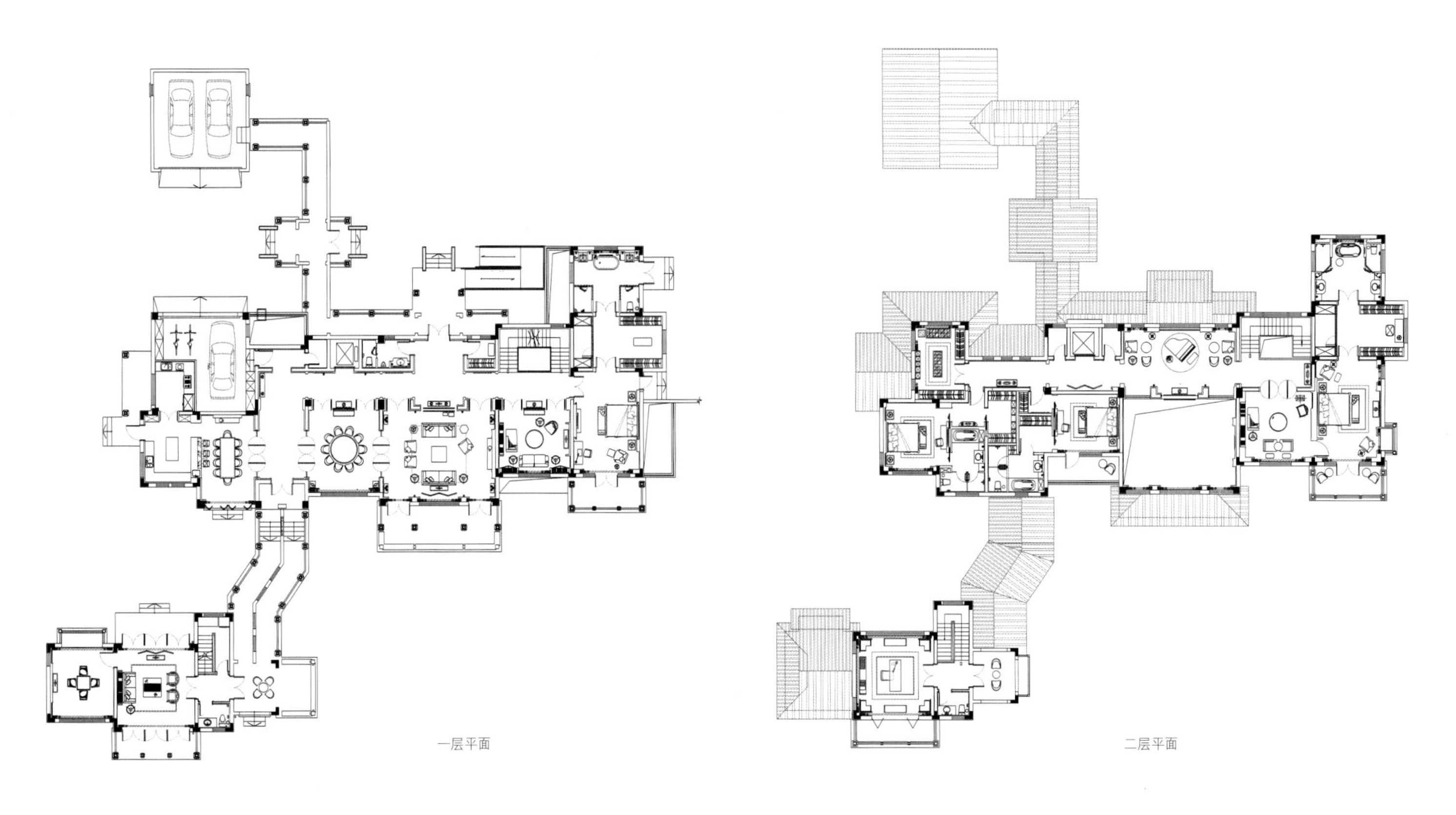

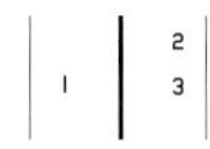

1 一层会客厅效果图
2 平面图
3 设计元素

水

金

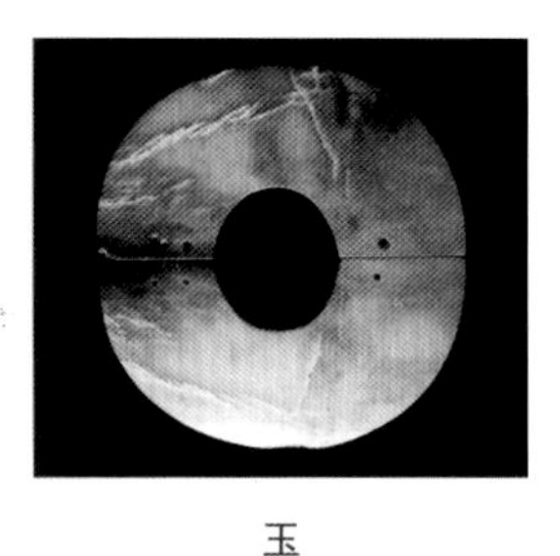
玉

一个完整的室内设计不仅仅通过空间、色彩、灯光给人带来视觉愉悦，也能通过声音、气息、材质带来包括听觉、嗅觉、触觉的感受。

——邹桂兵（出生于1981年，毕业于扬州大学建筑系室内设计方向）

项目概况

太湖黄金水岸坐落于苏州古镇胥口，南滨太湖，背倚穹隆山，是山水地产的代表作。太湖黄金水岸总占地620亩，以水为主题，引太湖原生水脉入城，并以“三湾两道，两园一岸，一岛三主题'为思路，是太湖版块内唯一具有湖、岛、堤、溪流、内河航道的阶梯式生态社区；建筑形式融汇传统与现代之美，坡屋顶、原生木饰、大面积玻璃的广泛运用，使苏式的亲切感和现代高尚享受融为一体，最大限度地满足尊崇度假生活的奢适感受。而28#建筑更是其中最具代表性的山水园林式宅院，建筑面积约1 263m²，花园面积约3 000m²，背山面水，亭台水榭，错落有致。

设计定位

本案立意是打动20世纪六七十年代出生的成功人士，作为其度假休闲的第二居所。该消费群体的特点是一面享受着现代的科技物质文明，同时又对过去的年代有深深眷恋。

设计元素

水是生命之源，清透、纯净、流变、柔和，无形无相、无色无味，却又无所不能。江南水乡、太湖之水、吴门烟水，苏州文化亦离不开水。

金是中国传统文化中富贵、如意和奢华的象征，是美好愿望的载体，是辉煌的闪光点，是繁华都市的象征。天体撞击太湖西侧是太湖成因学说之一，而这正是金元素形成的过程。夕阳西下，金是太湖的色彩。

君子比德与玉，几千年来，玉所代表的礼仪、礼制和等级关系深深地烙在中国漫长的历史文脉中。玉的琢磨亦离不开水，也称“水作”。人生如玉，需要精雕细琢，出脱空华。

水、金、玉深深融入了吴中大地，生生不息，成就吴门烟水，姑苏繁华和古雅文化。

设计方法

在平面布局中充分考虑到休闲度假氛围，除常规的居所功能，在地下层集中布置了休闲娱乐的区域。

入口门厅地面融入水的元素，采用黑白灰三色石材拼成水的涟漪纹样，呈现宁静祥和之意，而上空晶莹剔透的水晶吊灯又渲染出奢华典雅之范。

公共环廊的设计概念，取意于苏州园林的连廊，用简约的手法加以表现，地面以意大利雪花白为主要材料，采用对拼花纹展现石材特有的宛如水墨山水的肌理。为体现空间连贯大气磅礴之势，设计中运用大量的花格门将会客厅、中餐厅、西餐厅、公共环廊连成一体。

坐拥7m高共享空间的会客厅充分体现古典大宅概念，传统木花格加入金属嵌条元素，增加奢华氛围，整体庄重大气，而在细节处则运用水墨纹样的地毯、苏式刺绣屏风，又不失清新典雅。

品茶室采用简约的线条勾勒轮廓，舒适简洁温润如玉，没有多余的色彩，没有喧嚣与繁冗，一派宁静悠远，实为一放松身心之所在。

主人房的设计则充分利用湖景资源，让湖光水色、阳光清风走入室内，形成透亮舒适的一个空间。另有红酒吧、水疗按摩、健身房等设施，时尚惬意的成功人士的品质生活体验尽在其中。

整体设计上尊重稀缺的湖景资源，让每一个空间都备受自然美景犒赏。深入挖掘传统人文情结，将现代国际理念诉诸建筑空间内涵，一个中西结合的传世大宅，因湖岸之美，因建筑之妙，成为稀世珍品。END

内花园
楼
厅
楼房
下房
洋
楼
厨房
天井
天井
女楼厅
天
井
大厅
鸳鸯厅
书楼阁
天井
天井
天井
船厅
书厅
客厅
轿厅
账房
天井
天井
天井
门房
门房
仆室
卧房
侧门

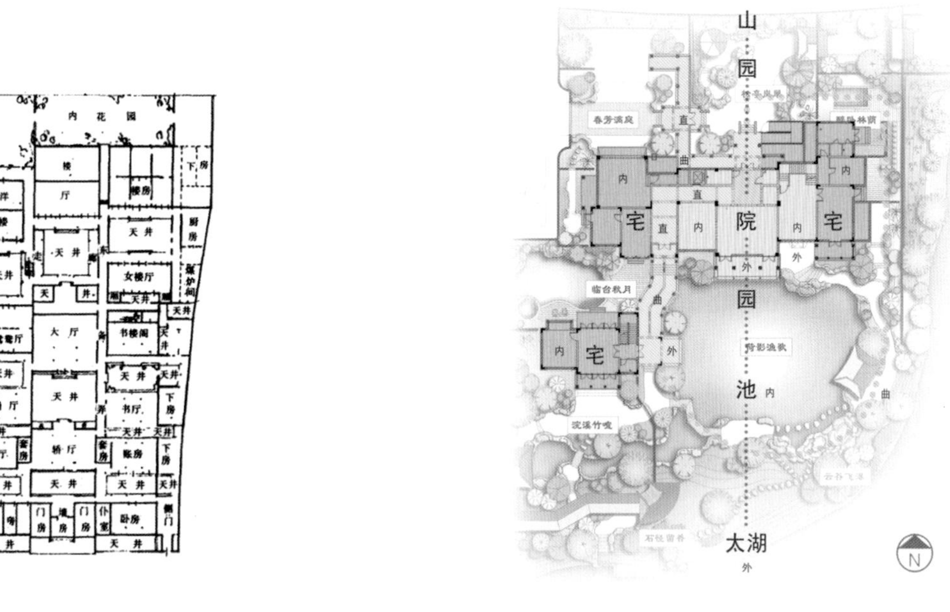
山
园
直
曲
内
宅
直
内
院
内
宅
外
外
园
内
宅
外
曲
池
内
曲
太湖
外
N

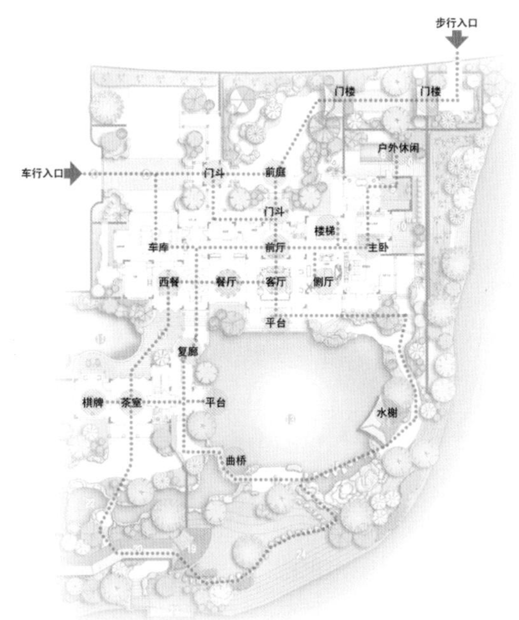
步行入口
门楼
门楼
户外休闲
车行入口
门斗
前庭
门斗
楼梯
车库
前厅
主卧
西餐
餐厅
客厅
侧厅
平台
复廊
棋牌
茶室
平台
水榭
曲桥

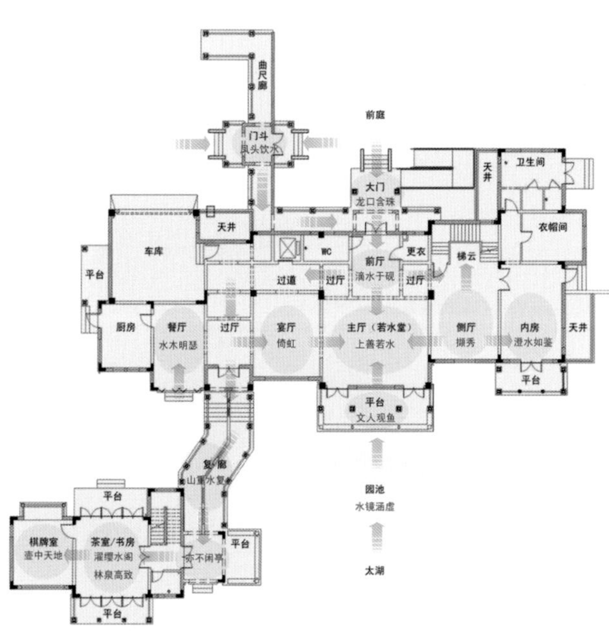
曲尺廊
前庭
天井
卫生间
大门
龙口含珠
衣帽间
车库
天井
WC
前厅
滴水于砚
更衣
梯云
平台
过道
过厅
过厅
厨房
餐厅
水木明瑟
过厅
宴厅
倚虹
主厅（若水堂）
上善若水
侧厅
撷秀
内房
澄水如鉴
天井
平台
平台
文人观鱼
园池
水镜涵虚
太湖
复廊
山重水复
平台
棋牌室
壶中天地
茶室/书房
濯缨水阁
林泉高致
平台
平台

1 2	7
3 4	
5 6	8 9

1 江南传统庭院空间形态
2 湖玺 28 号现代山水园院宅形态分析
3 空间流线分析图（一层）
4 湖玺 28 号水主题空间示意图
5 一层前厅效果图
6 一层过廊效果图
7 一层茶室效果图
8 二层主卧卫生间效果图
9 地下一层水疗按摩房效果图

琚宾：第一是人品，第二是才情

撰 文 | 王瑞冰

ID =《室内设计师》

琚 = 琚宾（HSD 水平线室内设计首席创意执行总监）

ID　80 后新生代人数在您公司占比是多少？

琚 80 后应该已经不是传统意义上的新生代了吧？水平线 60 后 70 后 80 后都有，60 后大概占 10%，主要在施工图组，没有执笔做方案；70 后占 40%，他们各方面都更成熟，目前属于中坚力量；80 后占 50%。我们有北京和深圳两个团队，这两个团队人员配备上又有点不同，深圳城市本身就年轻，因此 60 多人的团队里年轻人也多；北京公司是后来成立的，主创成员基本是清华、央美等的 80 后毕业生，总共 20 人左右。

我个人倒更希望公司人员多年龄层，因为人才结构单一会带来些问题，比如，对项目的预判、分析会变得单一；而如果年龄层多样化，思考问题的方式就会不同，设计思想就会多元。因为设计本身就要求思想碰撞、多元和共生。这个想法目前还没能完全实现，人才结构并没达到我想要的状态，当然，这也不是以我个人意志为转移，而是由公司和当下人才的现状来决定的。

ID　那 80 后现在主要承担怎样的角色？

琚 80 后在各个组都有，方案组、施工图组、物料组、效果图组、运营部门。如果单讲方案组，80 后重点还在方案执行和锻炼阶段，他们工作年限不同、每个人自身状况不同，所展现的能力差异也非常明显。比如，有 3 年工作经验的，主要做项目执行，已具备处理单一问题的能力，但综合问题的策略能力也许还需要加强；工作 5 年，在处理综合问题包括和甲方的人事协调方面，方法会多些，也更有效些；一旦工作超过 8 年以上，综合能力都到一定程度后，设计师本身就没那么大差异性了。如果单讲设计创意，不同的工作年限，区别都不太明显，主要取决于个人，但我会比较愿意用本身性格矛盾的一种人，比如对创意方面有极端思考，但做事情又非常踏实，而且有团队精神的。

ID　您对这些年轻设计师一般都是怎么培养的？

琚 我首先给他们传递的信息是，做设计第一个要素是人品；第二才是才情。我自己做人有个要求，“守常如一”—— 守住平常心，任何时候都保持一贯状态和作风，对国家领导人和现场水电工，都一致；只和自己产生关系，无依赖就无恐怖，人最终是做给自己看。我也希望跟我一起工作的人，能在做人方面，保持平常心、童心、责任心……设计本身是生活的一部分，一定会触及生活，而生活一定和人的价值观有关。

才情，在设计这个专业来讲，首先是指电脑、手绘、语言表达能力等基本技能。然后是由一定专业阅读和能力支持的专业语言结构，再是对当代或传统艺术的敏感度，对社会、文化及当下设计的理解，还有内心对设计这件事的定位，这些都是我比较关心和考察的重点。当他懂得艺术，就能找到从事设计的能量或原动力；当他懂得关注社会，就会跳出设计本身，产生更多社会责任心，在做设计过程中涉及当下社会现实问题，他能判断出好和不好、哪些不做、哪些做。没有文化思考做依托，就不可能对设计有深入挖掘。

我没有一套特定的培养体系，但具体设定了设计师成长历程的三个阶段要求。每个人都能明确自己所在的阶段，这样更便于提高。

第一个阶段是基本层面的设计技能培养，比如设计表达能力、专业语言结构的训练、团队中无我精神的建立，愿意承担责任，和别人分享成果。团队精神在设计公司非常重要。

第二个阶段，懂得用概念思考，寻找方案灵感；用逻辑思维方式推理完整的整个方案结果；用经验和技术适度处理问题。我认为具备这些能力，就可以真正做方案了。或者说，经过这个阶段长时间历练后，按我及公司的培养目标，成为了一个有责任感、散发正能量、能很好解决问题的优质设计师。当然，还要保持他们内心深处一开始对设计的那点梦想，不能因为社会历练或经验值的增加，丧失了那点梦想。

第三个阶段，就看自己发挥了，不是通过培养就能达到。而这个阶段，也是我要努力去达到的，它就像一个灯塔，需要有艺术敏感性和对艺术的珍惜；懂得思考宏观和微观的关系、人和自然的关系；懂得思想阅读碎片的整理，因为在这个阶段，会阅读很多书，阅读很多历史碎片，那怎样让历史碎片和当下思想产生关系，并产生新能量……这个阶段已经到了一个非常高的层面，已经在谈论思想谈论体系，谈论人和宗教的关系，探讨社会体制。第一个阶段很快就能到达；第二个阶段需要的是时间；第三个阶段需要的是天赋和灵性，也许一辈子也到不了第三个阶段。

具体到我身边的这些 80 后，他们当时都是刚从学校出来的“白纸”，从某种意义上来说，我是第一个在上面写写画画的人，我按照我的理想和方法去培养他们。方式比较传统，师傅带徒弟，手把手地带，但每个人都有优缺点，有些人较擅长概念；有些人较擅长后期控制；有些人做方案可以，但讲不出来……80 后涉猎面比较广，但对某个领域的钻研度可能会弱一些。我会很清晰地告诉他们有哪些不足，让他们完善。当然，他们有年龄优势，在做项目时能付出更多体力和精力，但我还是更倡导以从容自在的方式替别人解决设计问题。这个阶段的他们都需要经过不同项目、各种会议的长时间历练，慢慢成长，才能达到作为完整设计师需要具备的综合能力。

ID　您觉得跟您这辈人相比，80 后设计师具有什么样的特质？

琚 因为从小环境不一样，他们相对来讲内心会更自由。我们 70 后大部分在学生阶段还经历过比较苦的生活状态，又经历了社会裂变，从物质相对匮乏到物质极度膨胀阶段……因为受到很多冲击，所以内心经常会矛盾，这种矛盾让我们这代人变得很忧郁。而 80 后因为父辈给予的就是相对好的环境，没经历过大的环境变化，所以他们内心磁场会更强大一点，心灵会更自由一些。其他，就因人而异了。

ID　那您对 80 后新生代设计师有什么期许吗？

琚 保持那种充满自由和活力的状态就好，只要内心自由，就是最高境界。这种自由会让他不受限于物质给他的诱惑，也不受限于我们所生活的体制给予他的禁锢。END

尚溪地会所

SHANG XI DI CLUB

摄　　影 | 孙翔宇
资料提供 | HSD水平线室内设计

地　　点 | 山东青岛
面　　积 | 5 000m²
主设计师 | 琚宾
参与设计 | 陈敏
主要材料 | 帝玉玉石材、橡木、黑钢、乳胶漆、皮料等
开放时间 | 2011年7月

会所入口处夜景照明

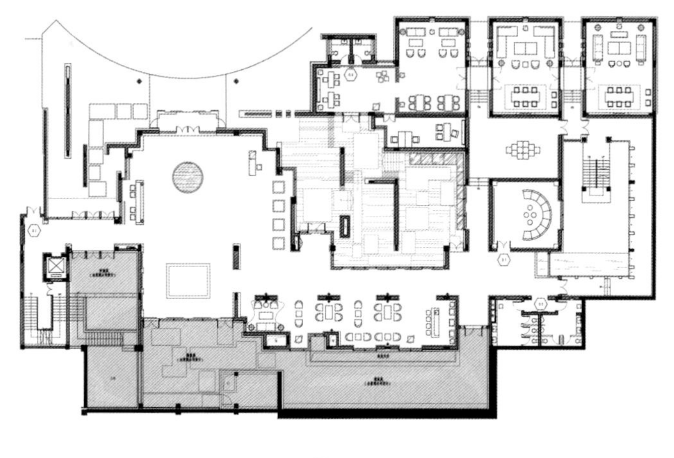

一层平面

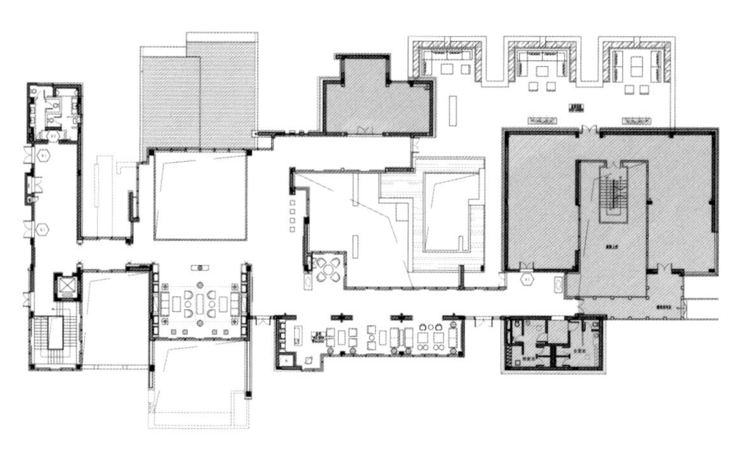

二层平面

坚持信念，享受过程，逐步实现，这样是快乐的。

——陈敏（出生于1984年，毕业于贵州大学建筑学院）

设计之初，我们以儒家文化所倡导的“礼”作为设计思考基础，予以建立有秩序美的室内空间，结合地理位置藏锋聚气的特征，企图赋予空间一种简素的空间氛围，又显露一种隐士情怀。

在材料运用上，我们试图通过悖谬的设计手法，利用金属和木材两种截然不同的装饰材料在造型和质地上的对比来吸引观者视线，以不同材料的内在精神和力量，缔造出空间的内在张力。

此外，文化的共生思考是设计师一直秉承的设计要素，在对传统文化反思的同时，演变重组，融入当代艺术元素演绎中式传统表情，提升空间整体意韵。

大隐于市，悠得自然，可谓此项目最好的诠释。

1 平面图
2-3 VIP室
4 二层过道
5 二层茶室
6 二层洽谈区
7 VIP室

招商绿草地高尔夫会所

GREEN GRASS GOLF CLUB

摄　　影 | 井旭峰
资料提供 | HSD水平线室内设计

地　　点 | 广东深圳
面　　积 | 1 300m²
设 计 师 | 琚宾
设计深化 | 姜晓琳
主要材料 | 水泥自流平、人造石、钨钢、木饰面、爵士白
开放时间 | 2013年3月

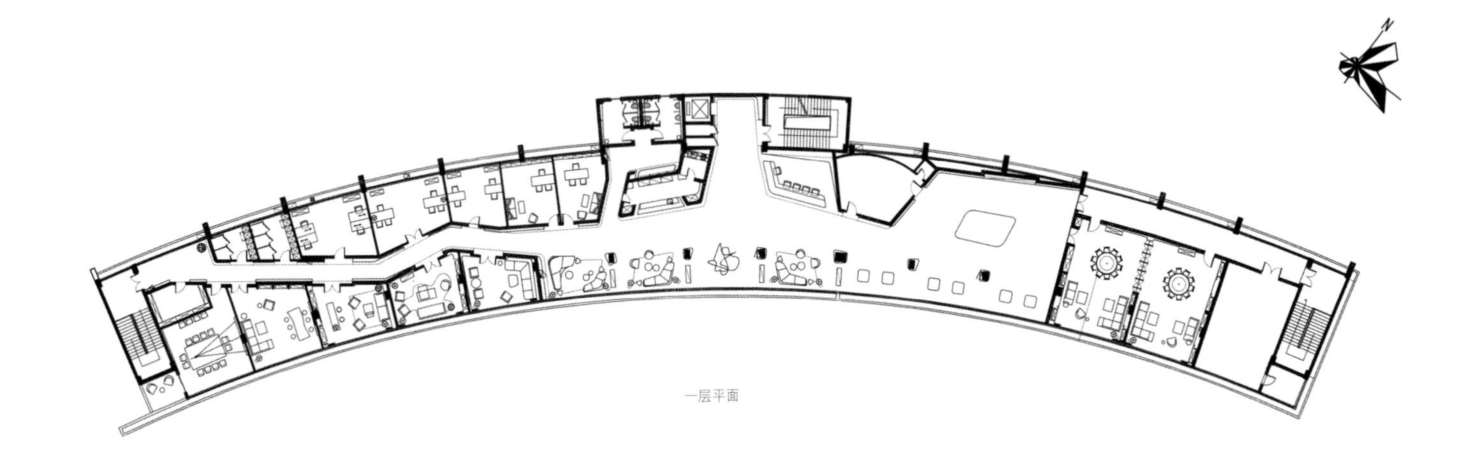
一层平面

把每一次设计当做一次旅行，保持内心的热情与机敏。

——姜晓琳（出生于1984年，毕业于中央美术学院建筑学院）

自然造物的完美，让人们去效仿自然，无法超越，亦求与之融合。建筑依托于自然，达到了建筑与自然间的平衡。高尔夫是一项亲近自然的运动，我们希望室内空间与外部环境有秩序地融合。我们从高尔夫球场的起伏山地形得到曲线变化形式，以获得最佳观景方式为原则来分配内部空间规划，让使用者在进入时，得到流动的视线结构，当穿行在房间内部时，透过大面积的落地玻璃幕墙，感受室外景观与室内的和谐融合。为与自然景观融合，空间元素用得极少，白色的曲面墙体、有质感的水泥自流平、细腻的木饰转折，曲线的每一个变化都融汇在空间中，让观者感受到设计的用心。自然与高尔夫，形成亲密的流动空间组合，景致引导视线，形成溶景入远方的独特感知。

1 2
3

1-2 接待区
3 交通流线

中海合肥原山别墅样板间

YUAN SHAN VILLA

资料提供 | HSD水平线室内设计

地　　点 | 安徽合肥蜀山区
建筑面积 | 400m²
设 计 师 | 琚宾
设计深化 | 黄智勇
主要材料 | 金钻米黄、爵士白、科技木
开放时间 | 2012年10月

一即全，全即一。

——黄智勇（出生于1986年，毕业于清华大学美术学院）

该项目，用轻盈平缓的手法，保持空间干净利落的感觉，试图塑造一个舒适怡人的居住环境。空间的动静共生是本项目最突显的特征，东方的传统静谧与西方的开放简洁在空间中相互影响与渗透，完美结合，从物质到精神，扩展了共生的涵盖范围。

同时，对东方文化的深层理解与剖析贯穿于设计中，企图让每一个走进这个空间的人，都能在第一时间感受到细腻考究的材料工艺和由内而外散发的独特气质。西式简洁的家具的使用，使空间散发出当代气息；搭配繁复的东方摆件，又恰恰补充着空间所欠缺的历史气韵。我们希望能通过对空间关系思考的深度与微妙的细节处理手法，给人们带来更多意想不到的别样体验，亦动亦静，收放自如。

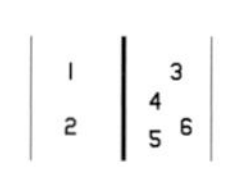

1 中庭
2 平面图
3 客厅
4 茶室
5 父母房
6 客厅

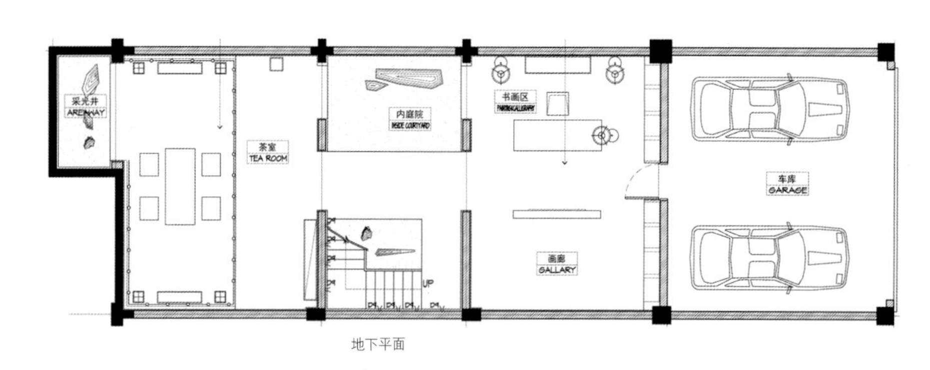

地下平面

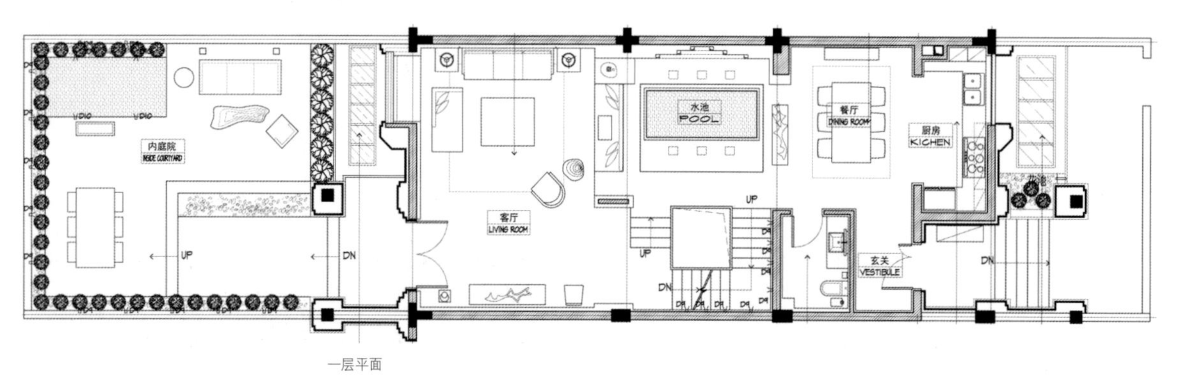

一层平面

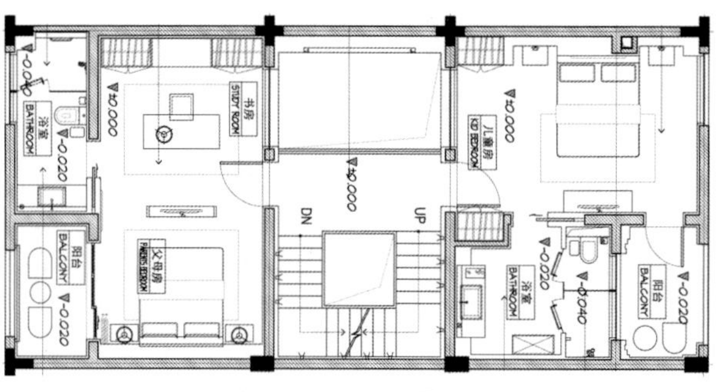

二层平面

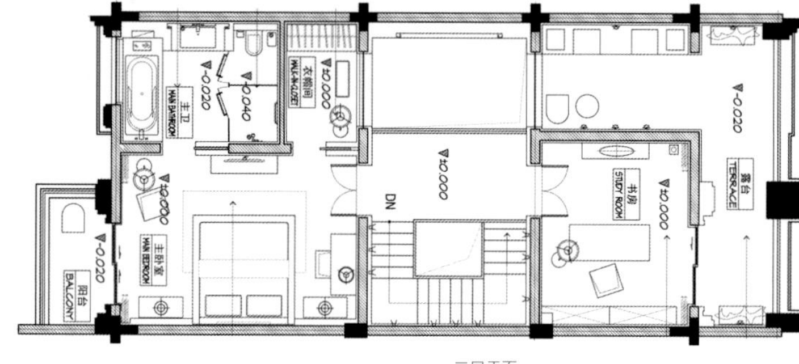

三层平面

千灯湖一号

NO.1 QIANDENG LAKE

摄　　影 | 井旭峰
资料提供 | HSD水平线室内设计

地　　点 | 广东佛山
设计面积 | 300m²
设 计 师 | 琚宾
参与设计 | 韦金晶
开 发 商 | 中海地产佛山公司
主要材料 | 西班牙米黄、烤漆板、木地板、钢、软包
开放时间 | 2012年7月

中国意，世界语。

——韦金晶（出生于1984年，毕业于西安美术学院）

延续ARTDECO的建筑风格，承载古典精髓，室内空间设计考虑的是在解决了功能合理性之后，如何去建构东方思想中的气质美学，如何将这种美学转化在空间中，形成文化的气质与功能形式的建构内在秩序的一致性。

我们通过塑造居住空间本质，如阳光、水体、绿植、自由的空气、愉悦、美好等有形和无形的体，从而探寻东方空间的气质美学，着重文化氛围和精神归属感的营造。在陈设配饰上，以东方文化背景为出发点，通过不同程度和力度地使用东方元素（竹、瓷器、王怀庆的绘画、丝绸面料等），颠覆大家的常规看法，显为材质本身和背景的对比，和文化属性的传递，使其在拥有国际面孔的同时，依然带给居住者东方式情感的体验。END

1 由茶室望向客厅
2 平面图
3 由玄关透视

1 2	3 4 5

1 由餐厅望向客厅
2 由茶室望向客厅
3 主卧
4 主卧书房
5 次卧

王飞：出书海与入世间

撰 文 | 李威霖

ID =《室内设计师》
王 = 王飞

王飞：

上海加十国际设计机构的创始合伙人/设计总监。同时任教于香港大学上海中心（助理教授）和同济大学建筑系大师班（客座教授）。

求学于加拿大麦吉尔大学（建筑历史理论），美国弗吉尼亚理工大学（建筑学）和上海同济大学（建筑学）。曾全职任教于美国密歇根大学建筑系，北卡州立大学建筑学院，中国美术学院建筑学院，西安建筑科技大学，英国伦敦建筑联盟（AA）等，获得“浙江省优秀教师”，“北卡州立大学优秀教师”等教学荣誉。

他与加十的设计和研究作品获得众多国内外设计奖项如荷兰Great-Indoors-Award、“金外滩”奖、UA国际设计奖等并在世界各地展出。曾获邀在世界各地进行理论研究和建筑实践的专项理论与实践讲座。出版中英文学术论文40余篇，担任多家专业杂志客座主编，著有《交叉视角：欧美著名建筑与城市院校动态访谈精选》。

ID 记得第一次见到你是因为《交叉视角：欧美著名建筑与城市院校动态访谈精选》一书的编辑工作，是在2009年，你刚回国不久。那时你已经在很多国外高校担任过教职，是怎么决定要回国发展的？当时对未来是怎样规划的？

王 我从本科时就对中国的建筑教育挺不满足的，感觉天天就是照范例画图，设计作业期末时交图，然后两个月回来后除了一个分数之外得不到任何反馈，在思维方式上不会有太多激发和长进。于是我就对设计课采取了一种比较投机的处理方式：我研究出作业拿高分需要具备的条件和特征，在别人拖到最后才动手时，我已经提前两周把图画好，其余的时间我就做自己认为有意义的事情，比如参加很多国内外概念设计竞赛，还拿了不少奖。一方面获奖是对自己的一种鼓励，另外竞赛的内容涉及各种领域和类型，需要阅读和研究众多相关的资料，其中有很多文献如果不是因为某个竞赛估计是一辈子不会去接触的，无形中也扩大了知识储备和训练了思维。那时我就有一个期望：想要改变中国建筑的现状。依靠什么呢？当时所能想到的就是当老师，可以影响学生。

毕业后在同济设计院工作了一年就去美国弗吉尼亚理工大学读研了。选择这个学校是因为奖学金多，而且导师是建构大师Marco Frascari，我们之前翻译过他的名篇，我也非常乐意跟他学。之后在普林斯顿一家商业事务所工作了一年，前中后期的工作都做了很多。当时已经计划好去加拿大跟理论大师Alberto Perez-Gomez读历史理论，这样就去了麦吉尔大学。那里的历史理论课程训练非常艰深，19世纪前的建筑学、哲学、解释学的著作几乎都要读遍，有时随机抽取的历史理论研究内容只给学生两周的准备时间，就要在课堂上作一个小时的发言，如果出现错误导师会毫不留情地批驳。女生基本都哭过一遍，但是那样的训练下来长进确实很大，对此我很庆幸。我喜欢研究历史，因为我坚信任何创新都不是从零开始的，大师也是学习前人，了解历史和前人才能更好地针对当下、面对未来。那几年的历程让我形成了自己的人生观和历史观，在设计和教学、写作中都有深刻影响和表现。

毕业后就开始了我的教师生涯。第一份教职是在美国北卡州立大学做访问助理教授。除了教授本科一、二年级的设计课，我开了一门受到我两位大师导师的影响而编纂的研究生历史理论课程“建筑图纸和再现的历史理论”，很多学生比我年纪还大，我又非美籍，且是亚洲人，压力蛮大的。为了镇住他们我还开始蓄点胡须，所幸最终的教学效果很不错，也让我有信心去申请更好的教职。之后在肯塔基大学设计学院院长Michael Speaks的推荐下我去了密歇根大学，当时做了很多基础教学，认识到针对不同人群该怎样教。也是那时慢慢清醒地看到身边众多知名的建筑教授们，理论非常强，但都没多少建成项目，最多有一些装置作品，或者制作很深奥的理论图纸，做几个室内设计，感觉这好像不是我作为建筑师该有的终极目标。于是，在英国AA做了两个月访问教师之后，决定回国看看。那时其实也还没确定要留在国内，只是在美国很难拿到永久教职，因为经济大环境不好，校方必须优先考虑本国人的就业。而我还是想教书，但国内执教的环境并不好，薪资低、事务繁琐，使得老师很难专注教学和研究。另外那会儿我还是个蛮单纯的学者型的人，觉得自己很难适应国内的人际关系和过快的生活节奏。回国后拒绝了新加坡国立大学的教职，获邀去中国美院任教，结果就这么留下来了。当时想的是以教学和研究为主，再做一点设计与出版之类的工作。

ID 但你似乎没能按这样的方向走下去。

王 对。现在是以设计为中心，兼顾教育、出版、研究、讲座、展览等。因为我越来越感到，通过教育影响年轻人、改变一些现状，这样的力量是非常薄弱的，能影响的人很有限；与美国和欧洲众多优秀建筑院校不同，现在国内的建筑教学与实践仍然很脱节，依然很缺少专职的实践建筑师参与教学，评图时缺乏多元化的视角，没有太多的变化与激烈的争论。学术也是如此，我个人认为在中国真正做学术的比较少，文献出版量很大，但特别有价值的很少。要影响未来的设计师，实践很重要，而一个好房子的影响力对于改变人们看待建筑的视角而言强大得多。

ID 是怎么逐渐"偏移"到设计上去的?

王 在国外的时候其实也一直关注中国的情况，时常在国内媒体上发表文章。每年夏天回来还会跟同学，也就是我现在的合伙人一起合作项目。我回国任教没多久，他为我谈下了两个很好的项目，就让我直接去跟甲方谈。第一个项目是北京某房产公司的办公总部，我拿了很简单的草图就去了，也不知道国内交流的方式是怎样的，就连参考图片都没有，有什么沟通不明白的地方我就现场画，结果居然通过了。后来甲方负责人跟我说，他们做了这么多房地产项目，从来没有像这次这样第一轮就通过的。由此我信心大增，也下定了留在国内的决心。加入了我合伙人大学毕业时创立的工作室，我们把名字、LOGO、网站等等全都重新包装，改变运营模式，到现在已经完全自主接项目了。吸引到的人才层次更高了，人员构成更多元，也有出色的学生来实习。我就发现不光设计能让我愉快，建立团队也让我很有满足感。现在公司30人左右，算是中型公司。我在设计之外还要打理人事管理和对外宣传等，会组织大家举办各种有意思的活动和培训。

设计的道路走起来也不是一帆风顺的。2011年市场开始萎靡，很多房地产公司都在观望时局，对商业公司的影响就比较大，我们的好几个项目就无限延期了。还遇到不少让人无奈的项目，比如在上海市中心一个里弄内部的老菜场改造为创意的办公空间，未能完全建好就因为用地许可问题被终止；还有一个项目，反反复复修改了8轮，结果甲方直接盗用了我们的设计就建成了，而且盗得面目全非，效果恶俗。这些事情让我明白，很多东西我控制不了，但是我要灵活应对，在极短时间内和很局限的条件下做出最佳的决定。

虽然现在重心更多地放在设计上，教书也没丢下，还经常一周有4个半天同时在同济大学和香港大学教授以研究为主体的设计课程。教书令我真正感到放松，因为可以不用考虑太过实际的、繁杂的事务，只要思考设计与研究就可以了，算是让自己透口气，也能保持自己思维的活跃与灵感的激发。

ID 在那些不顺利或遭遇江湖险恶的时候你是怎么想的? 有没有想过不如回去过那种象牙塔的生活?

王 挫折也是经验，只要别一再掉到同一个坑里就好了。不经历这些就不知道怎么看人。我谈及商务时常常很容易就被打动了，现在我就知道要跟合伙人各司其职，我走学术化专业化道路，只谈设计。这样的操作出现大问题的可能性会小很多，而且给甲方的印象是我们分工严密，配置比较全。其实现在我已经很难回到回国前的生活状态了。2011年有一部美国电影《Liberal Arts》，我看后深有感触。它讲一个三十几岁的男教师，工作乏味单调，总是怀念以往的大学生活。某天他突然接到大学时代最喜欢的教授请他在自己的退休晚宴上做个演讲的邀请，他迫不及待地就去了。故地重游，他遇到了很多人和事，却发现已经完全回不到当初的状态了。其中有一个场景：他离开母校回到自己的城市，来到常去的书店，一直最爱的书还在原来的位置，可他再也找不到原来的感觉。他说："合上书之后，书外的生活更美。"我觉得特别有共鸣。书中什么都有，但书外的世界不能屏蔽。

ID 你觉得书外的世界给你带来怎样的变化?

王 回国这四年，慢慢让我的思维方式从学者型向综合型转变。三年前的我，不会愿意去处理管理和营销的事情，做一个简单的文艺设计师就足矣。但很多时候如果不是从更宏观的角度去理解，包括理解市场、个体的人、团队、项目类型、思潮等，就很难做出好设计。以前埋首书山，自由时间很多，像退休以后的生活；现在一个月读不了几篇文章，都是快餐式浏览，心境已经不那么慢、那么沉了，只有开始写文章的时候才能在短时间专注大量文献。但反过来看，从偏离实践到回国后真正把一个建筑落实，那种感觉是前所未有的。心态也有很大变化，从不想也不知道怎么与甲方和各个工种打交道，到现在可以主动联系甲方，沟通也比较顺畅。

我开始在意很多以前不会在意的东西，从得过且过，到享受生活。不再只关注精神，也会追求物质。现在基本每个月都会挤时间休假，去各种有意思的酒店、茶馆酒吧、画廊、博物馆，也时常去体验各种美食。我发现只有更好地理解生活，理解人的需求与最直接的五感，才能更好地设计。今年有一个酒店的项目，跟甲方谈的时候，我就可以给他很多建议，因为这么多年我已经收集几千张图片、上百个案例。甲方很快就被打动了，虽然我们没有建成的酒店项目，但我可以通过跟他谈生活让他们理解我们的思维与操作方式，以及项目的愿景。如果没有这种经历和思考，可能我就只能从设计的层面谈，就未必这么容易沟通。

从2003年到2009年，我每年从一个城市漂到另一个城市，甚至另一个国家，四海为家；现在无论在哪，想到上海会有家的感觉，有归属感。上海是一个十分丰富、很有生活的城市，总能发现新的东西。发现新鲜的去处也会带给我成就感，让我更好地理解城市，理解设计。比如我就偶然发现五角场有一家挺有意思的日本餐厅，设计非常棒，老板本来是搞金融的，自己一手设计了餐厅，还在苏州与杭州各有一个相似精神但不同风格的会所与茶馆。我就在想，现在很多甲方本身素质也比较高，见多识广，有时可能真的比设计师更有想法与视野，这引发了我对设计师的定位和方向的很多思考。很多人住在一个城市反而会忽略它，但我喜欢去探索更多。

ID 有没有想过在这个书外的广阔世界里走得更远点？比如经营其他产业？

王 有。现在就一直收集古玩、古地图和一些特别的图纸和手稿，也投资电影。现在很多设计师有"第二产业"，做产品的比较多，还有开餐馆、开旅店、卖家具等等。我会研究这些盈利模式，比如建筑设计做一单是一单，而产品设计一单出来是可以量产的，那就更有盈利性；在四川藏区稻城亚丁做村落改造，也想过收几个老房子做设计酒店。虽然想得都很粗浅，但至少会想了，以前觉得这些跟我毫无关系，这也算跨出了第一步吧。

ID 在设计行业，"80后"设计师已经崭露头角，你觉得你们这代设计师有哪些共同点或者时代特质？

王 生于1980年，我对"70代"和"80代"都有归属感。生于1970年代末1980年代初的这批人应该算是上下摇摆的一代，夹缝中的一代。在专业学习方面我们基本功比较扎实，但资讯没那么发达。我印象特别深刻的是：我们入校时一片懵懂，97级的学长可以教给我们很多东西，而到我们辅导99级新生时，人家什么都准备好了，那时感到好震撼！还有测绘古建筑时，我们这届还抱着大画板，到下一届就抱手提电脑在现场用CAD画图了。在新生设计力量中，我们这一代看上去已经给人蛮沉稳的感觉了，很多人是所在单位的中坚力量；而"90后"乃至"00后"则更无所顾忌，保持着一直往前冲的态势。

ID 谈到时代的发展，现在设计与媒体传播的关系日益紧密，但对于空间的图像传达也存在各种争议，你对此是怎么看的？

王 现在建筑在很大程度上简化为图像了。这里确实有弊端存在，我们会戏称很多项目为"杂志建筑"，至于现场就没法看了。甲方在杂志上看了中意的国内外的建筑图片，觉得不错，就复制一层表皮拿去用，完全不考虑空间内外的关联。有老外建筑师朋友就跟我讲：在中国做建筑只要做好两件事——外立面和公共空间，剩下的如果控制不了就只能随他去了。很无奈，但大环境就是这样。

另一方面，图像也确实有很大的意义，不仅在于表达和展示空间，也能成为一种设计的途径。比如之前我们设计的一家酒店，我就花大量时间做了中国风的拼贴图，甲方未必理解，我也不是为了包装，首先是满足我心里对这个项目的期望和梦想。扎哈早期有很多图无人能解，她说这就是画给自己的，需要这个过程来进入设计状态，但有另外一套图是给施工队用的。其实每个成功的建筑师都有自己制作建筑与图像的特有方式，这也是我在设计教学中非常强调的，经常会让学生做拼贴、多媒体重叠、游走路径图、五感图等等。

ID 有没有考虑过继续扩大公司规模？

王 目前人员是跟项目走，公司其实还是在逐步完善中，和很多公司相似，我们也需要更多能成为中坚力量的中层。我跟很多事务所的主持人交流下来，一般一个主管能有效地管理10人就是极限了，我们三个合伙人目前把控30人左右的高效规模。去年很多大公司都在裁员，我们还是要稳中求胜。

ID 你怎么看待自己的现状和未来？

王 我总对人说，成功不可借鉴，失败总是有相似教训的。人人都需要有适合自己的路，要成功就要找到这条路。每个人身上总是交织着理想和现实，我们这一代机会没前辈那么多，甲方的期望与视野也越来越高远了，我们就要考虑这样的条件下该怎么办，而不是抱怨怎么没早生20年。就我个人而言，因为兼具设计、教育、学术及媒体等多重身份，我的思考往往是综合了多重视角，设计里整合有历史理论、社会学、人类学等多个维度，也会很生活，还会考虑如何向大众传达。所以在设计上，我们就选择商业路线和学术路线并行，并基于设计展开其他领域的探索，我想这就是适合我的路。

未来我觉得尽全力做好房子就可以了。身边有很多朋友有大师梦，我觉得把成为大师作为目标并没什么意义。在国内外建筑江湖这么多年，我拜过众多名家，访过许多好房子，也知道自己的极限在哪儿。人要认识自己，有自知之明。曾经我是个有点文艺的设计师，只想要盖很酷很理论的小房子足矣，现在拿到一个项目，我首先考虑的是怎么建、用什么材料、多大造价、怎么交接、工期多长、满足什么功能，然后才轮到酷不酷。尽管过了两千多年，firmitas、utilitas、venustas，（简言之坚固、实用、美观）依然是建筑基本的三要素。END

乐町墅售楼处

LTS SALES OFFICE

资料提供 | 上海加十国际设计机构

地　　点 | 河南省郑州市
基地面积 | $270m^2$
建筑面积 | $303m^2$
建筑设计 | 王飞
设计时间 | 2011年12月～2012年5月
竣工时间 | 2012年9月

乐町墅是一个有着两幢塔楼的混合型功能的高层现代跃层公寓，它的目标受众是有活力、有激情、有品位的年轻人群。业主希望售楼处能体现现代与年轻的氛围。

建筑的占地非常有限，我们的设计是一个有铝格栅包裹的2层建筑，并在其中贯穿了两个大小不一的庭院。在入口处，经过一个朦胧半透的步道进入大厅。建筑虽小，但随着人的走动和视角的变化形成变化多端的效果，人与风景形成多重的对话。这里没有一眼望穿的空间，有的是斑驳的树影和错落的栅影，以及在闹市中的那一缕清幽。

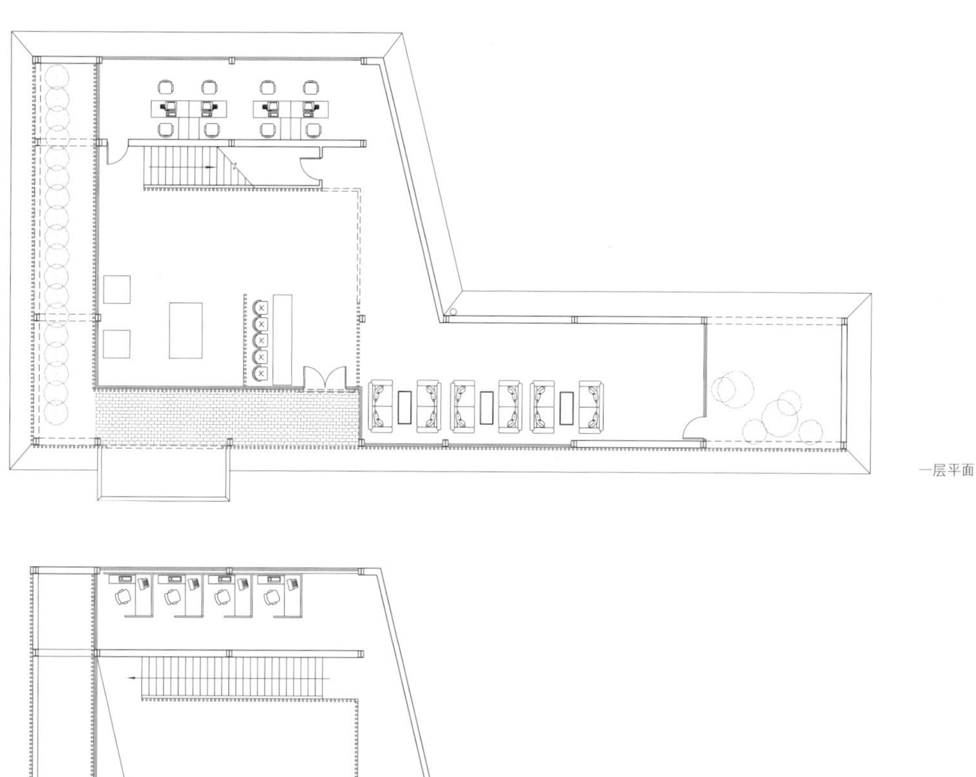

一层平面

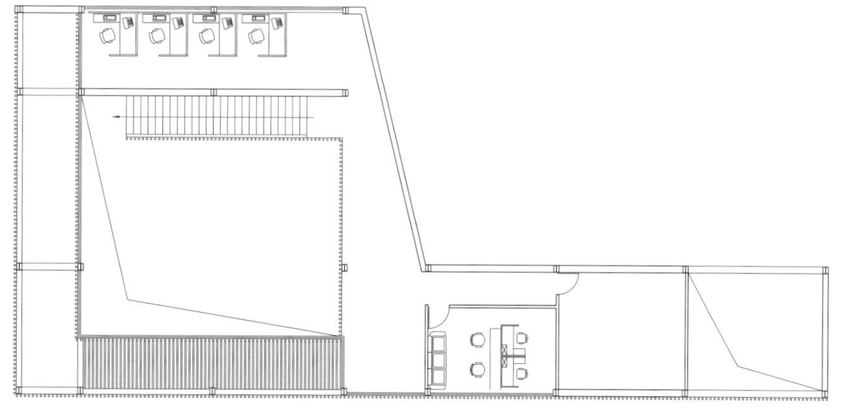

二层平面

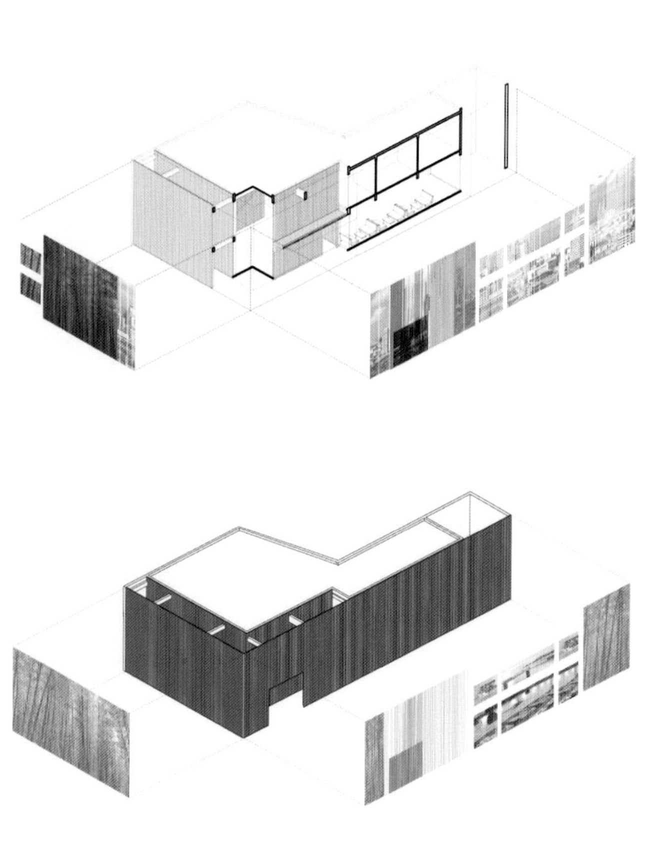

1 / 2 3	4 / 5 6

1 平面图
2 外立面局部
3 分析图
4 建筑外观夜景
5-6 步道内部

市集创意办公空间改造

MKT

资料提供 | 上海加十国际设计机构

地　　点 | 上海
改造前面积 | 600m²
改造后面积 | 790m²
设计时间 | 2011年
建造时间 | 2012年

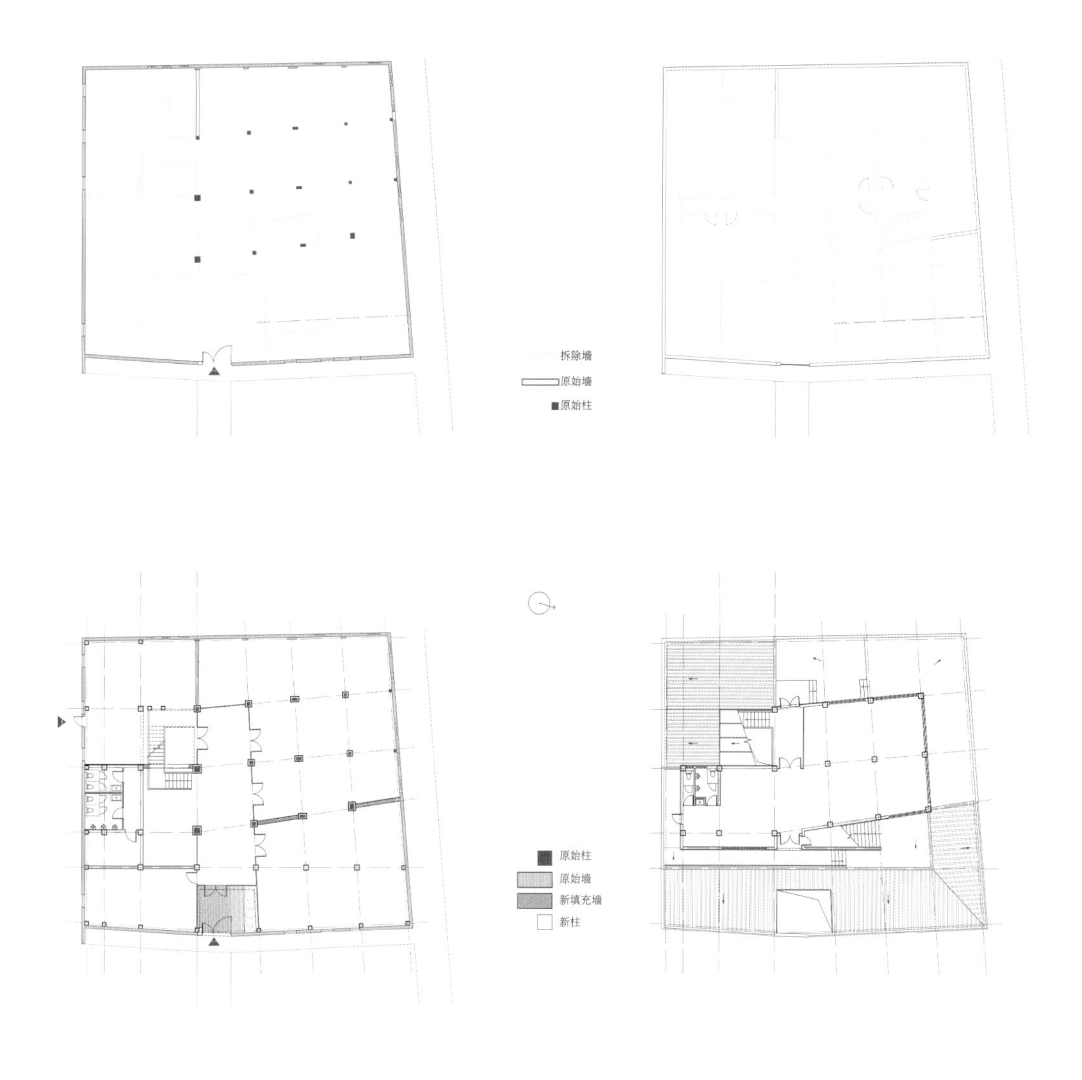

MKT 项目是一个富有挑战性的改造项目，它是位于上海永康路老里弄内的一座两层的菜场建筑，将改造成为一座创意的办公空间，并将市集的概念保留，融合办公、展览、会议、演艺、市场等。改造设计保持了原有的建筑轮廓，尊重现有的城市肌理，将原有的流线重新梳理，形成了 L 形的主流线，贯穿主入口庭院和新增的次入口，中心节点处设置了新的楼梯间。由于原有结构年久失修，将其加固，并将新老结构做出强烈的对比。入口大门做出阴阳两种中英文 LOGO 的并置，突出新旧的对比与文化的多元与互动。

（编者注：令人遗憾的是，因种种原因，整个设计未能完全建成即被搁置。）

1 正门效果图
2 平面图
3 施工现场

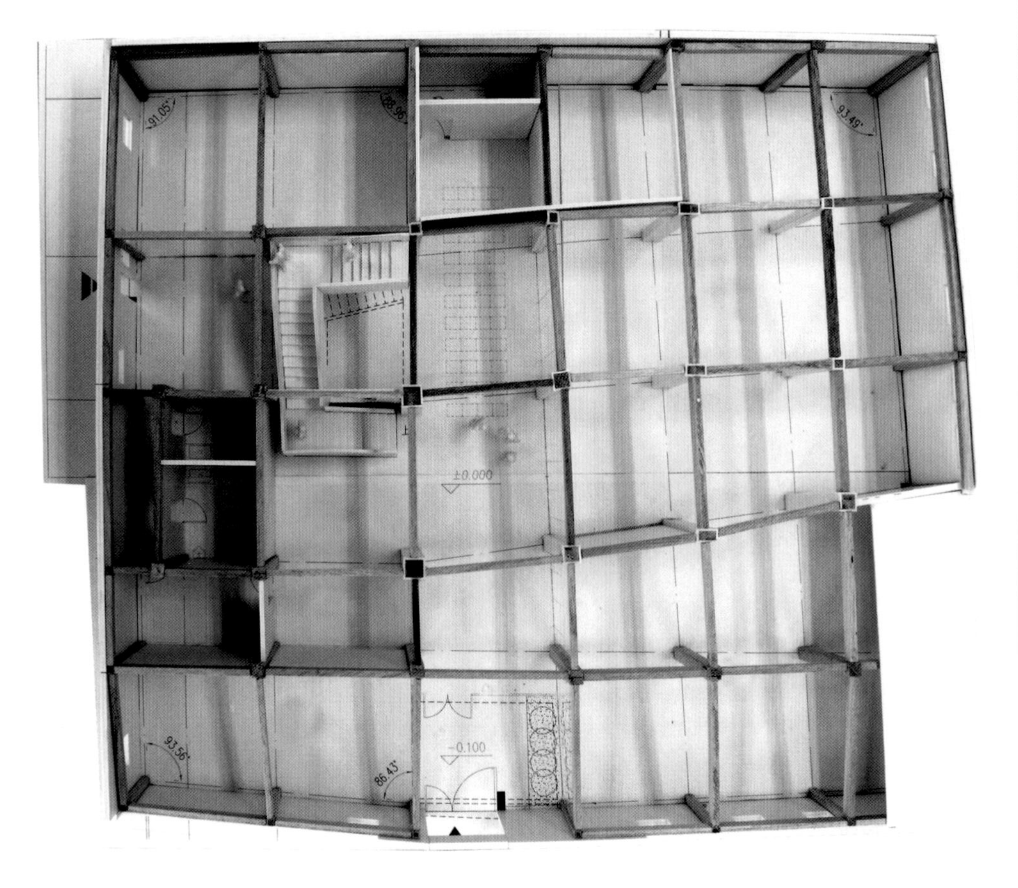
91.05°
93.49°
±0.000
93.56°
86.43°
-0.100

集市

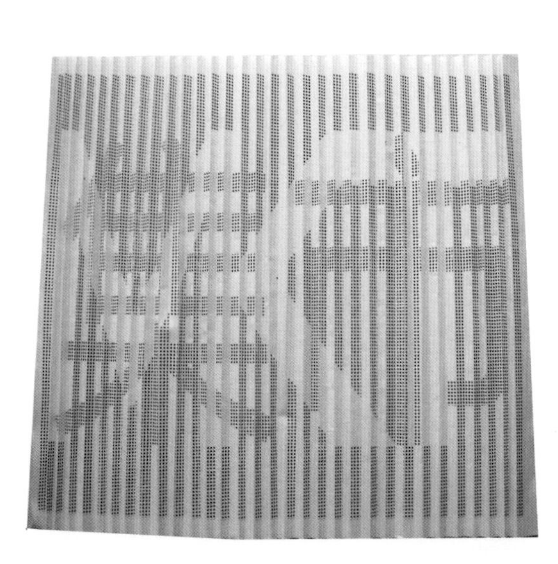

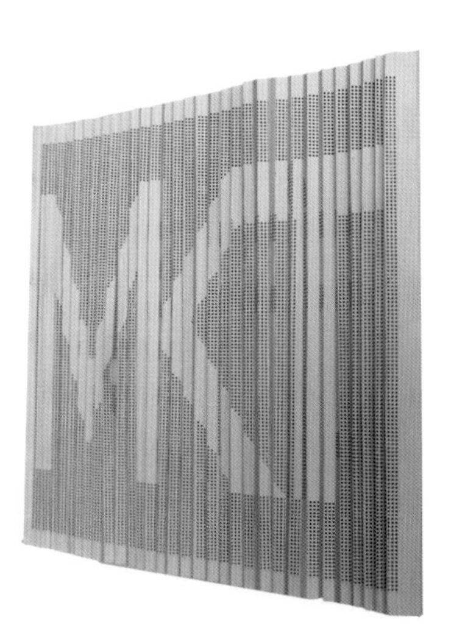
MKT

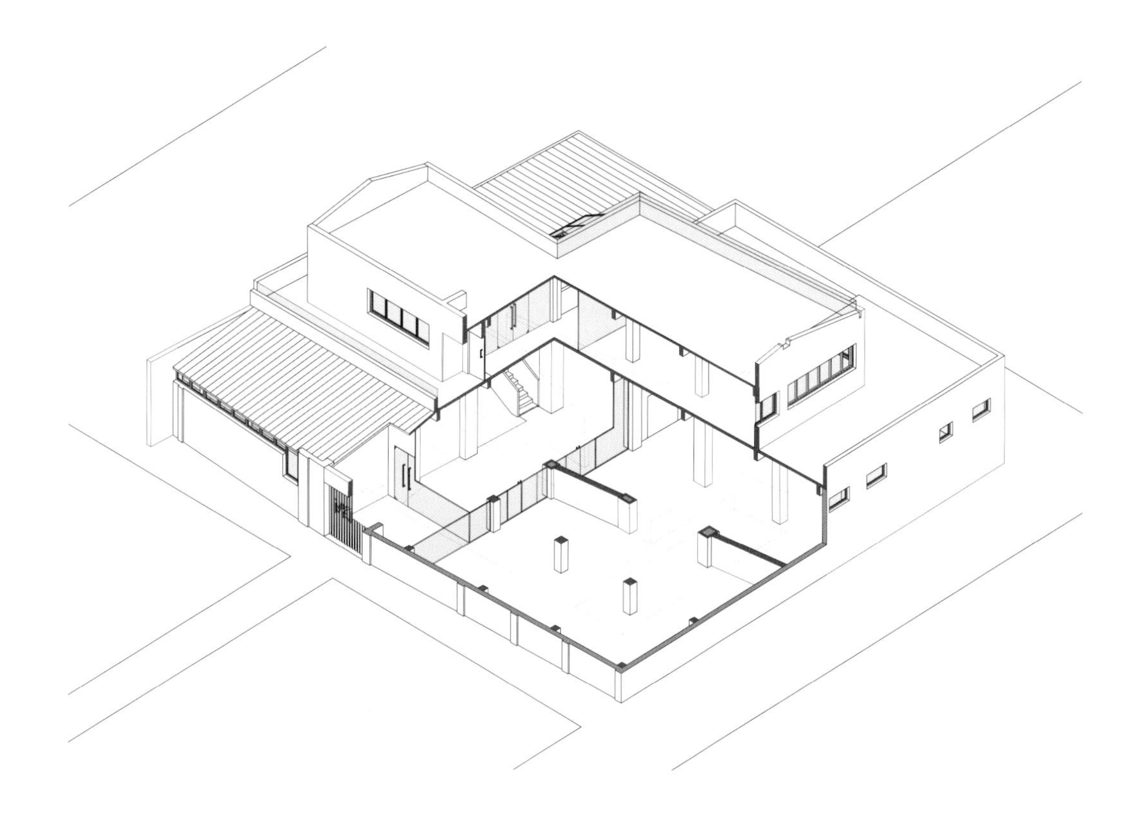

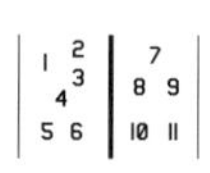

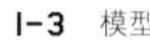

1-3 模型
4 折板变化效果示意图
5 天井效果图
6 正门夜景效果图
7 轴测图
8-11 楼梯及公共空间效果图

上海 HDD EXPO INDESIGN 展场

INDESIGN EXHIBITION SPACE

资料提供 | 上海加十国际设计机构

地　　点 | 上海
设　　计 | 王飞、彭武
竣工时间 | 2012年

空间的规划尽可能简单，背景墙界定基本的空间，另一段弧形墙界定另一个半围合的展示空间。充足的洽谈交互区能满足最复杂的人流动线要求。空间构建的材料来源也非常简单，可以运用的基本材料包括日常使用的日光灯管，专门用于展览空间搭建的轻型模块化展架，半透明的喷印胶片。这些半透明的胶片可以喷上各种图案和色彩，作出各种组合。测试过程中，胶片在灯光下呈现的丰富半透明质地启发了最重要的设计灵感。

合成透明性——这是设计的概念原点。一方一圆两个半透明的光墙构建了空间。光墙采用模块化展示系统构建，可以做到最简洁的细部，同时支持最快速的搭建。铝管和不锈钢节点是这个展示系统最基本的构件，构件扩展延伸形成轻盈的框架体量。精细的胶绳用来在框架上挂住半透明胶片，整个系统精确巧妙地隐藏着自己，而呈现的是基本的几何体量。半透明胶片的喷印设计结合了 indesign 媒体集团的 logo 设计，不同色系的封面和活动照片按照 logo 字体成组布置，拼接成为大型的 INDESIGN 字体。和喷印的彩色字体形状对应的位置，放置同样组成字体形状的灯管。从外到里，在这个层次里，无论是光线还是色彩，把所有的元素完全投射在两个基本的几何体量上，让这些元素在半透明界质上彼此融合，层次渐第，空间逐渐呈现。“合成”定了这个设计过程，色彩以图片的方式喷印在半透明的胶片上，胶片按照标准模数通过精心设计的节点挂接在银色铝支架上，灯光装置隐藏在透明胶片的后面。色彩的跳跃，光线的渐变，最终视觉呈现的是一个合成构造的半透明光墙，它精确又模糊，纯粹也丰富。

C 型光墙围合的空间里，一个由司空见惯的日光灯管搭建的光装置点亮了整个展位。日光灯管装在透明的亚克力管里，亚克力管的两端，通过纤细的钢丝拉紧形成一个自支撑的张拉整体结构（Tensgrity）。Tensgrity 是天才建筑师、发明家富勒独创的一个词汇，是指张力（Tension）和完整（Integrity）的合成，指张力完整收缩的状态。理论上这个张拉体系只需要一定数量的刚性杆和柔性的索就可以形成独立的空间结构。所以当亚克力管和钢丝互相缠绕拉紧，光塔立起，镶嵌其中的灯管接通电源的那一刻，顿时整个展示空间被点亮，光线在致密的钢丝和透明的亚克力管之间穿梭，辐射，光塔下面放置的镜子进一步反射，延伸着光线到更远的层次。毫无疑问，这是一个完全基于技术美学的装置，它所呈现的却是最艺术的方式。光塔所呈现的力学极限和光墙的纯粹体量对比，呼应，共同合成了半透明的 indesign 展示空间。END

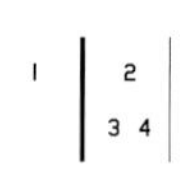

1 轴测图
2 展厅现场
3-4 光影折射

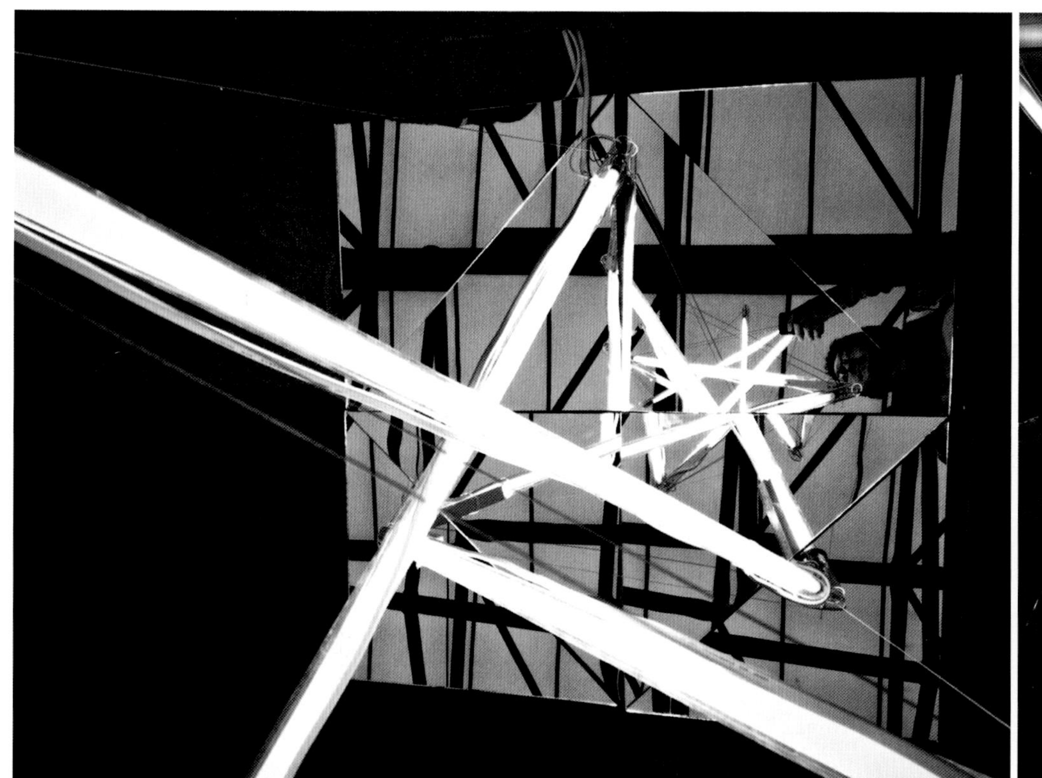

物言：筑物以言志

撰　文｜李威
摄　影｜张正一、罗琦、潘爽

ID =《室内设计师》
张 = 张正一
罗 = 罗琦

ID　你们在不到30岁的时候已经独立开业并建成了有一定影响力的作品，那么最初是怎么确定自己的建筑道路并决定共同创办事务所的？

张　坦白说，我在学校读书时对建筑兴趣不大，心思放在画画上，觉得建筑还是偏工程，表达上不够自由。毕业后我厌倦了上海，想换换空气，就去了深圳工作。那时候没日没夜做了大量的项目，算是一种补课也是对职业建筑设计现实感的触摸。在设计院有个弊端，就是熟练了大量的快速设计之后却开始对设计产生疲劳感。转机出现在2008年汶川地震之后，公司接到一个援建小学的项目，在四川省梁平县。以往的项目面对的是抽象的使用者，而这次的设计和建造却直面现实：一群等着开学的山区小孩儿和许多为此付出的赞助人。项目小，造价低，设计建造同步进行，很快就落成了。回访的时候，看到孩子们在楼道间奔跑嬉戏，而小学校也作为整个村落场景的一部分，自然地融入到了山川地貌和村落日常生活之中时，我体会到了作为一个建筑师的乐趣：通过操作物质改变微环境进而影响人的生活。我想做与人有关系能打动人的房子。

罗　我自幼喜欢画画，而且早在很小的时候就对建筑空间有某种朦胧的兴趣了。大学自己选择了建筑学专业，在那时就已经非常确定要做建筑了，并且比较早认清了自己。于是认准了一条路，就不打算轻易回头。我们俩大学时就认识，结识的途径也很有时代特色，是在ABBS上。那时我们就谈到过今后合伙开事务所的意愿。我毕业也去了深圳，第一份工作也是自己创业前唯一一份工作。加入的时候那家公司刚成立，到我离开时已经是稳定上升期。我在那里很玩命，平均加班时间应该是公司里最多的，记得头三年我平均每天工作超过15个小时。这不是公司要求的，更多的是自我较劲。在那里我得到了比同龄人更多的实践性锻炼，而且我当时已经成为了该公司的高层。选择离开是因为觉得差不多是时候了。成立自己的事务所是我们最初的信念，也只有这样才能真正做自己想做的事，走自己的路，算是给自己一个答案吧。这个职业的现状已经够悲催了，再不做点有意思的事就太没劲了。

ID　你们的事务所选择在2012年开业，是觉得机缘到了吗？

张　一来我们都厌倦了纯粹的商业项目，想找一些机会真正做一些自己想做的事情。二来也是夙愿。其实我们之前也合作了好几个项目，只不过是松散状态，没那么正式。

罗　当时正好也有个机缘，我们合作设计了芦墟半园半宅的项目。那是一个很特别的超低造价的改造设计项目，组织者在微博上发起，我们看到了信息并申请加入，之前双方毫无交集，发起人凭着对人的直观判断就确定了我们的参与，而且很快就实施了。整个项目更像是一个社会实践，而且申报晋级了今年的中国建筑传媒奖。我们在这个项目完成之后决定开始自己的事业。对于我而言，来得还有点快，我本打算自由自在玩个一年半载的计划泡汤了。

ID　你们觉得两个人能合作的基础是什么？

罗　共同价值观和友谊，性格相宜，能力各有独到之处，可以互补。其实从大学开始我们的联系一直没有中断，虽然之前各自沿着不同的路径在走，但我们相信等到会合的时候就能碰撞出更多的东西。

张　除了建筑，我们热衷闲聊各种话题，比如“时间空间的真相”。很多想法就在这些闲谈中孕育，也许就会成为我们后来项目的一个出发点。我们这种合作更像是一种共同成长。

罗　是啊，共同成长。做设计只是一个媒介，而认知世界是一个更本质的问题。

ID　请谈谈你们的设计观。

罗　我们的事务所叫“物言”，也就是托物言志，或者说是一种表达。每个人表达自我的方式不同，有人画画，有人写作，有人唱歌，而我们就是通过造物的方式来表达个人的态度、想法。我认为艺术存在于表达之中。我们不想明确提出一个口号来描述我们要做怎么样的建筑，这并非固定的。在你生命不同的阶段，你想表达的东西也会不同，而要表达内心想法的愿望是一直存在的。我们最想做的设计就是把我们的内心表达得最充分、彻底、巧妙的设计。

张　在我们看来，人类的建造行为本身就是一种观念行为，建筑的功能或形式都只是表象，真正核心的是建造者的理念。建筑作为人造之物同时要处理人与自然，人与人，人与物三重关系。不同的观念就会衍生出不同的建筑。好的建筑应该具备概念上的纯粹性，你所调动的元素、组织的手段都必须围绕这个核心。当然，要完全表达一个理念是很难的，因为建筑很具体，它涉及许多使用功能和建造技术上的要求，理念的物化过程必然会对概念有所牺牲，但我们的工作就是要想办法把损害降到最低。

罗　我们的设计目前没有手法上的倾向性，因为那都是解决问题的招儿。我们用不用，取决于我们需不需要，而不是刻意追求这些招儿本身。我理解的建筑就是人为的构筑物，与人主观的感知建立关系，与客观的物理建造建立关系。它是一个联系主观世界与客观世界的载体，是

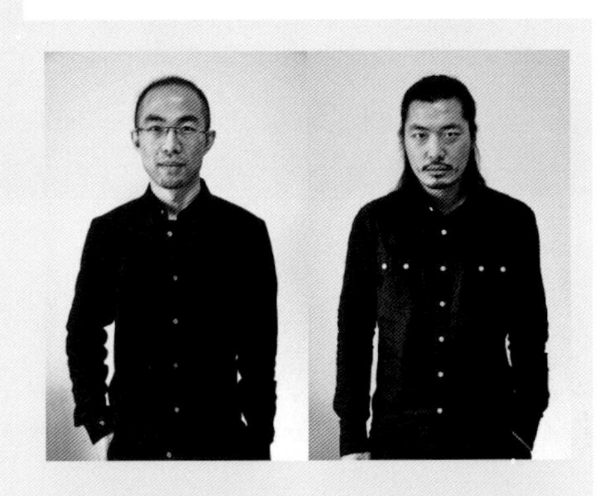

物言建筑工作室：

于2012年由张正一、罗琦共同成立于上海。物言取意“托物言志”旨在用造物的方式去表达。工作广泛涉及城市与景观设计、建筑与室内设计、旧建筑更新、家具与小物件设计等领域。

张正一：

生于1983年。现任物言建筑工作室主持建筑师。2006年毕业于同济大学，视造房子为一种了解自我和探索世界的方式，希望通过设计去激活小环境，造有生活意趣的房子。

罗琦：

生于1983年。现任物言建筑工作室主持建筑师。2007年毕业于长沙理工大学，以建筑作为创作表达载体，与建造实践相结合，并致力于探索建筑新的可能性。

一个用有形的物限定无形世界的游戏。虽然任何一个物都不能囊括世界，但假如没有物，世界也不可被感知。建筑设计也不仅仅是做建筑物本身，还是将场地的所有元素加以整合利用以及改变，形成新的多维度感知的小世界。这是建筑最有意思的地方。

张 比如说我们最近的一个会所项目，场地条件很特别，进深方向比较狭窄，南北两侧又被其他建筑围观，可以说是很不利。但东西方向却位于一个将近一千米的树阵末端，并且临水。设计的问题就演变成如何让建筑"隐形"同时激发"树海"的活力。而关于"树海"的讨论则来源于我们之前的瑞士旅行，当时我们就在探讨中国城市里纯粹的自然空间介入很少，那么能否仅仅通过对密植的树林加以利用，让人在高密度的城市里也能得到纯粹的自然体验。我们的设计就是基于如何体验不同层次的"树海"这一想法。根据视线和路径关系拔掉一些树并对空间进行一些限定，得到一个丰富又独特的体验。设计概念不是凭空而来，一方面来自建筑师对建筑理解的积累，另一方面就是特殊的场地环境和条件激发了某些想象或回忆，共同形成设计的开始。

ID 在建筑师这个讲究"大器晚成"的行业里，年轻对你们而言是否会成为限制？

张 这肯定会。建筑是一个要动用大量社会资源的活动。我们面对的甲方往往都是四五十岁的人，有着丰富的阅历和经验。这种年龄的差距必然会带来很多信任上的问题。不过，所有年轻建筑师不都会面临这个问题嘛！我想真正重要的是对项目进行深入的思考和创造，同时要多了解业主的想法，好的设计能跨越年龄障碍。

罗 况且限制一直都存在，几乎没有一个项目是一帆风顺的。往往只有"不太顺利"和"很不顺利"的区别。设计师和业主脑中的画面首先就是不一样的。设计师要做的是创作，创作不是直接找到一个既有的图景加以复制；而业主脑中往往只有现成的东西，或是怕担风险而保守地延用现成的东西。这是阻碍实现创新建筑的重要原因。

张 换句话说，他们的想法来自经验，而创新需要打破经验。

ID 那么你们怎样向对方传达你们脑中的图景？还是说不行就只能向对方妥协？

张 基本上根据项目的节奏调动各种手段，不过所有的方式都是对建筑的一种逼近，我喜爱的表现方式是不那么完美，有些拙，要有一点想象的空间。至于对甲方而言，要用他熟悉、能理解的方式。

罗 如果不行也不轻易妥协，可以绕道前行。在具体处理上总是有灵活性的，我们相信方法比困难要多吧，为此也常常绞尽脑汁。另外就是沟通技巧了，甲方往往并不在意建筑师的理想，但如果把建筑师的设计理念转译成甲方关心的因素有时候可以起到不错的效果。

ID 有一种说法是年轻设计师生活经验不足会给设计带来不利的影响，你们怎么看？

张 生活经验是可以想象的，也是可以类比的，我觉得没有那么困难。比如说住宅，无论贫民窟的房子还是社会住宅，甚至是豪宅，共同遵循的都是对不同人的生活可能性的追问。基本上，设计来源于对一种生活的想象。假如要在月球上盖房子，那有几个建筑师登过月？

罗 经验可以指导人也会束缚人。年轻有各种不利的因素，但年轻也有不可取代的优势，体力和创作力都是最旺盛的时候。

ID"80后"现在已经成为一种标签式的语汇，这一代人在各行各业中开始崭露头角，但也伴随着褒贬不一的评论。作为"80后"的建筑师，你们觉得这是个怎样的群体？

张 每一代人有他独特的生长环境，这决定了要面对的问题。整体而言，和1980年代初各个领域群星璀璨的状态相比，这真是一个平庸年代。时代的浪潮会调节特定人群的比例关系，平庸年代有创造力的人就特别珍稀。如果说1980年代是一个诗歌和哲学的年代，那么那一辈的建筑师确实沾染了很多人文情结，这直接会影响到做建筑的观念和方式。而我们都是在2000年以后接受的建筑训练，中国社会伴随着经济体制的改革，整个社会全面进入了一种商业为王的时代。在建筑领域后现代主义的遗风已经消失殆尽，学院里凡是能对抗庸俗的商业设计的思潮都被学生追捧。加之互联网的兴起，资讯和眼界一开，真是一个乱花渐欲迷人眼的年代。不过这一代人的底色还是现代主义传统，相比"90后"一上来就玩参数化，还是有一个比较明显的时代分野。

ID 另一个跟时代变迁有关的话题是媒体传播方式的改变，随着设计师这个职业越来越公众化，对于自身的推介也越来越被设计师所重视，对此你们是怎么考虑的？

张 现在的传播方式越来越多元。"80后"是中国互联网的先行者，我们见证了ABBS的辉煌和衰落。现在更多的学生活跃在豆瓣，人人等社交媒体上，也包括很多著名的设计师和学院里的老师等。我们俩有一天突发奇想——能不能给CAD装一个插件，让它变成一个社交媒体，比如能够显示全国有多少人同时在线在画CAD，然后大家可以互动，可以交流技术问题。这很有意思，也许专业领域的社交网络是未来互联网的一个新方向。对事务所的推广，我们是有考虑的，但现在真的没有精力，还是想把事情先做好。

罗 这是最关键的，也是其他一切可能性的基础。

ID 你们现在获取项目的方式有哪些？会参与竞标吗？会否觉得生存不易、工作辛苦？

张 主要还是靠这些年的一些积累，朋友间的相互引荐多一些。而竞标就参加得比较少，中国式竞标，很多时候不是考验设计本身。至于生存问题，欲望不大于能力就能负担。

罗 痛并快乐着。

ID 你们在职业生涯中遇到最大的挫折是什么？

张 基本上所有的挫折都是来源于价值观和沟通方面的挫折。

罗 我以前遇到最大的挫折，是源于某业主对我们非理性的不信任。那是在我创业之前呆在那家公司的时候，甲方找了我们跟某国外公司共同设计，对于我们所提出的想法和设计，甲方总是想当然地抵触，而对国外那家设计机构却无原则地认可，而他们的方案基本上就是我们早已经考虑到且因为不合理而放弃的，或是我们做过但被甲方否定的。那个甲方屏蔽掉我们提出的各种可能性，不是基于设计能力，而是一种盲从心理。最后我们只能按照他那些其实并不合理的方案去修改深化，而且这个项目折腾了很久，工作量又大，我们一天又一天地熬夜加班，疲惫而且愤怒。不过，虽说这是"挫"，但我倒没"折"，反倒更加坚定反抗的决心了。

张 所以现在我们自己有选择权，遇到这样的业主就直接放弃了。

ID 你们工作之外的生活状态是怎样的？有没有哪些锲而不舍的爱好？

罗 对我来说，工作和生活是一体的。我可能随时随地都能想到设计，或者通过设计反思生活，这已经成了习惯。

张 不那么固定，我兴趣比较杂，是跟着好奇心走的人。总是希望能多一些视角了解世界。

ID 你们对未来有何期待？

张 想尝试一些新鲜的事情，譬如做菜。

罗 还是做自己想做的事情吧。我期待过好每一天。

ID 有没有什么远大的理想？比如成为大师、把事务所做大之类。

张 我觉得我们还是保持小而精的状态比较合适。管理不是我们所长，规模大了可能离初衷就远。我从小就讨厌远大理想。

罗 大师是别人评判的，不是自己说了算的。能被别人认可当然好，但这不是我们特别指望的。我们所指望的还是如何能表达自己内心的东西，虽然面对的问题都很具体，但一步一步来吧，坚持下去。END

半园半宅

HALF GARDEN HALF HOUSE

资料提供 | 物言建筑工作室

地　点 | 江苏吴江芦墟镇
面　积 | 77.8m²
建筑面积 | 64m²
设　计 | 物言建筑工作室
主要材料 | 钢、透光亚克力、岗石
设计时间 | 2012年7月
竣工时间 | 2012年10月

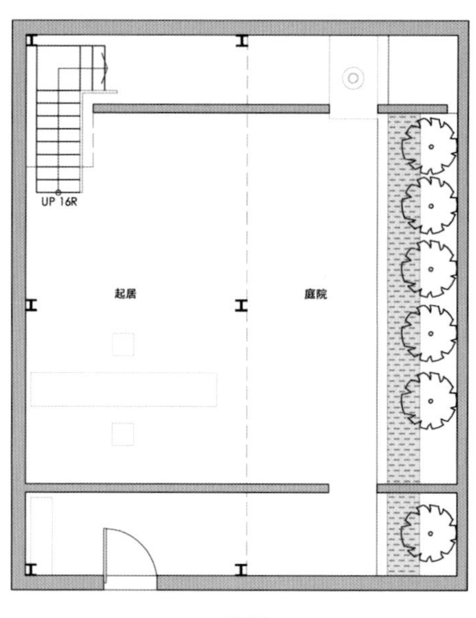

一层平面

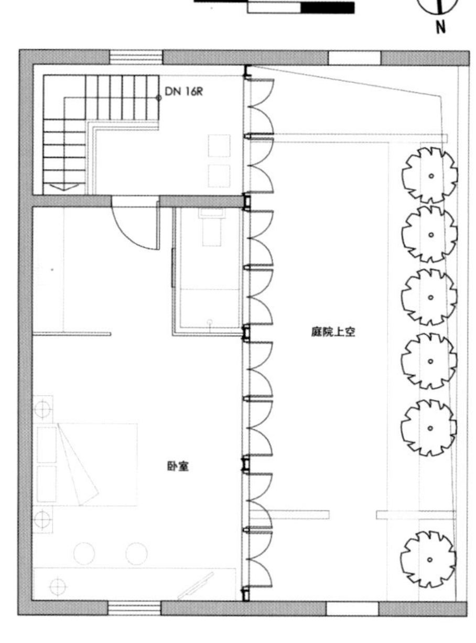

二层平面

自上海市人民广场驱车一路向西，喧嚣的都市渐渐隐去，水乡田园的自然风貌次第展开，不出 80 千米，便来到位于江苏吴江的芦墟镇。这是一个江南水乡裂变后的现代城镇。318 国道和太浦河穿镇而过，南边是拥挤的市井老镇，北侧却是火热建设中的开发区。芦墟老镇改造项目是 318 城镇复兴计划的起点，此计划在 318 国道沿线选择合适的镇子做小规模的改造复兴。项目用地前身是一片废弃的旧式厂房，东西两侧有水环绕，几间硬山瓦房围成了若干小院。

改造项目被定义为一次集群设计游戏，旨在经由设计思考重新激活场地，给当代城镇更新注入新鲜血液，并打破设计师与使用者的身份界限，让业主和设计师共同完成平常生活的设计。一字型的旧厂房按照柱网结构划分成若干间，紧邻水边的宝地被阿科米星的庄慎拿下，我们的房子与彼相邻，是自西向东中的第二间。房子面宽 8m，进深 10m，室内净高约 5.2m，双坡瓦屋面。

设计之初，开发者定下了游戏规则：项目总造价控制在 7 万元（包含建筑、景观和室内改造）。于是如何在极低造价的情况下依然能够实现一个有品质的建筑成为了设计的主要命题。

虽然是室内改造项目，我们仍然是用建筑设计的视角来考量它：人的进入方式，房子如何使用，光线的分布，空间的氛围都是我们反复思考的命题。房子三面有邻北向开口，唯一的河流景观可由北侧的高窗体验到。我们加了两道墙，一块板，钢框结构体轻轻嵌入老房子，空间被分隔为一半住宅，一半院落。

房子的入口是个门洞，它引诱人进入。进入后需要转折两次方能到达庭院空间，对观者而言既是对外部空间的隔离，也是人心理状态转换的界面。宅子架空的底层供人起居，面向院子，可聚会聊天，亦适合独坐静思。院子一侧密植青竹，竹影婆娑是庭院的生机之所在。江南多雨水，水便是此宅造园之魂。7m 长的钢制水镜倚在院墙边，映射天空和竹影，是沉思默想之地。

底层左侧露出一小段楼梯，暗示着此处的别有洞天。拾阶而上，二层的居住空间朝向河流和乡村打开视野，是对外部资源的有效利用。其内部以朴素为要，素混凝土的洗手台，回收来的旧木地板，预制混凝土挂板，磨砂玻璃与环伺白墙共同营造了一个让身心松弛的空间。室内朝向院子的落地窗可悉数打开，午后的阳光经由窗子的反射形成迷离破碎的光。

乡村营造充满了趣味和机变。每一次的现场跟踪都是一次大考，建筑师需要熟悉营造匠人的习惯和能力范围以便迅速的做判断。不过，通常他们都比建筑师有办法。我们喜欢在项目中有意外的因素介入进来，打破建筑师图纸上的完美设计，让营造和使用成为空间真正的主角。

这个项目是对中国当代城镇更新的一种类型学实验，让普通人可以用很小的投资去实践一种梦想的生活方式，是城市生活的换位思考。它探讨了极低造价下的设计策略和控制方法样本。建筑师通过与匠人紧密配合，及时调整设计策略以及大量现场的节点处理，构成了一种基于营造本质的建筑学实践。而以空间氛围设计作为旧房改造的主体，摒弃单纯的室内装饰设计方法，亦是其意义所在。

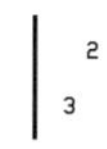

1　光影
2　平面图
3　场地环境

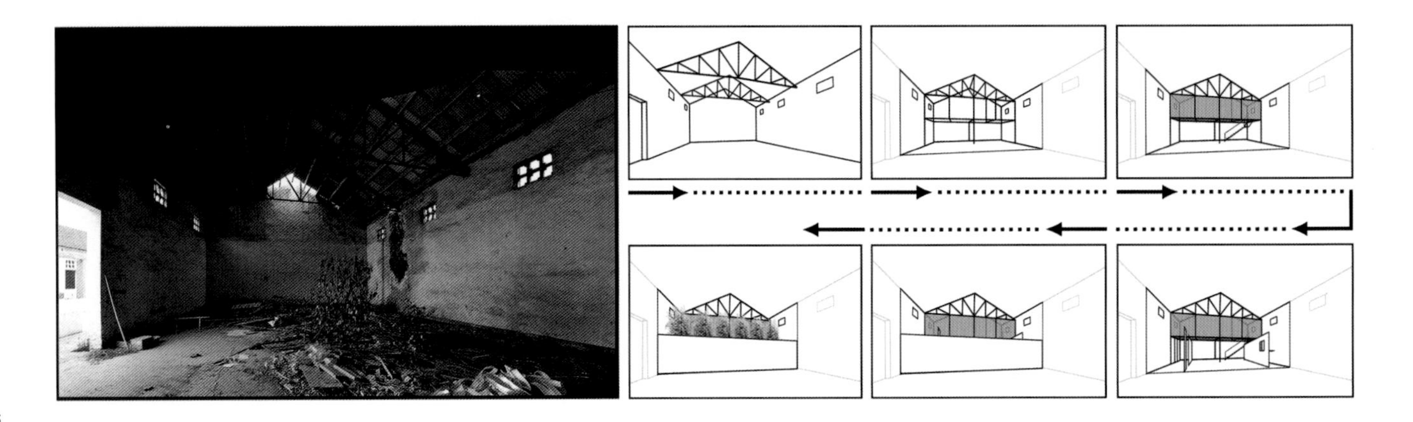

1 院子一侧密植青竹，竹影婆娑是庭院的生机之所在

2 过程分析图

3 入口是个门洞，引诱人进入，进入后需要转折两次方能到达庭院空间

4 宅子架空的底层供人起居，面向院子，可聚会聊天亦适合独坐静思

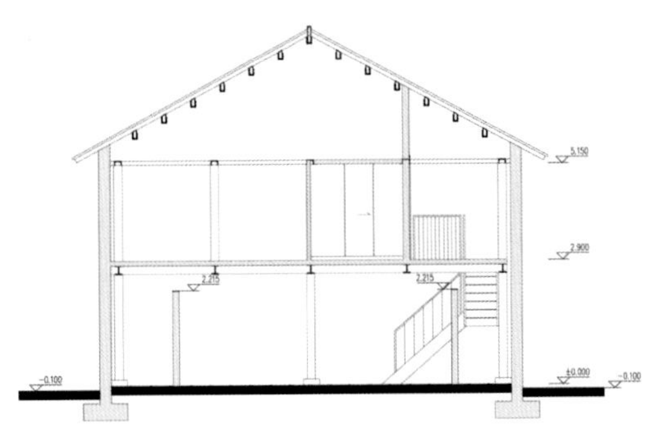

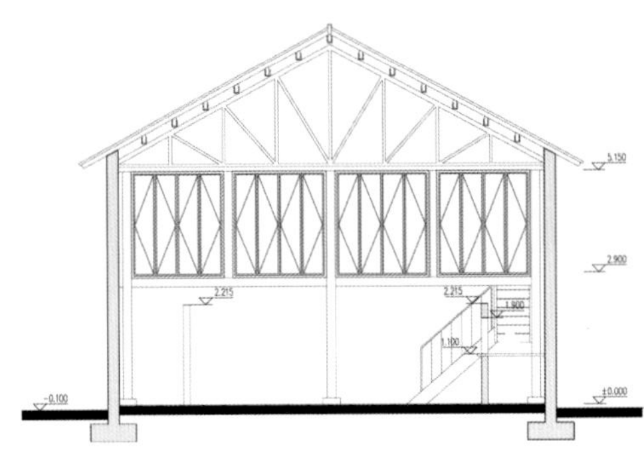

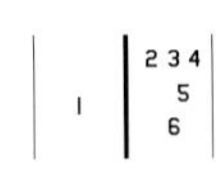

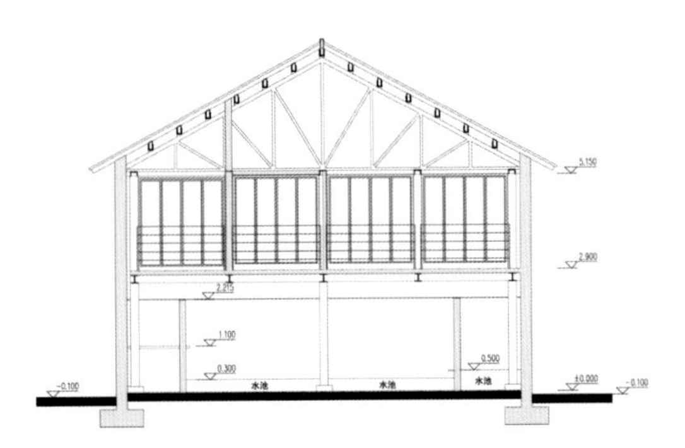

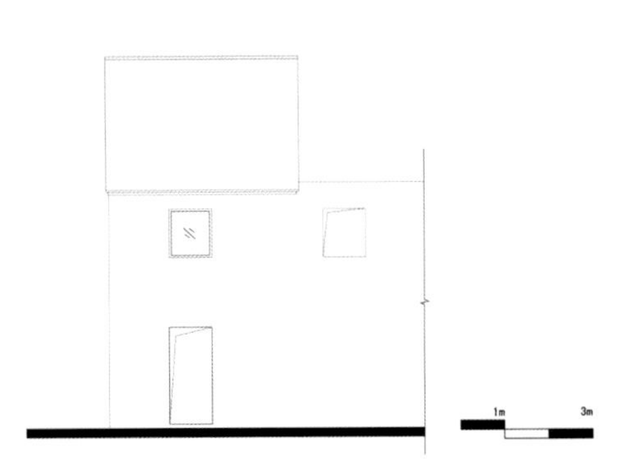

1 7m 长的钢制水镜倚在院墙边，映射天空和竹影，是沉思默想之地

2-3 楼梯

4 二层居住空间

5 立面图

6 居住空间朝向河流和乡村，打开视野

金山小会所

JINSHAN CLUB

资料提供 | 物言建筑工作室

地　　点 | 上海金山区
建筑面积 | 824m²
设　　计 | 物言建筑工作室
设计时间 | 2012年

基地位于一片已有密林之中。东临河道，北临多层住宅小区，南临一排私家别墅。项目为一所小型接待会所。本方案主要策略是将建筑消解，隐匿于静谧的绿林当中，通过适度的围合以及巧妙的开口，重新发现自然，体会园林意趣。

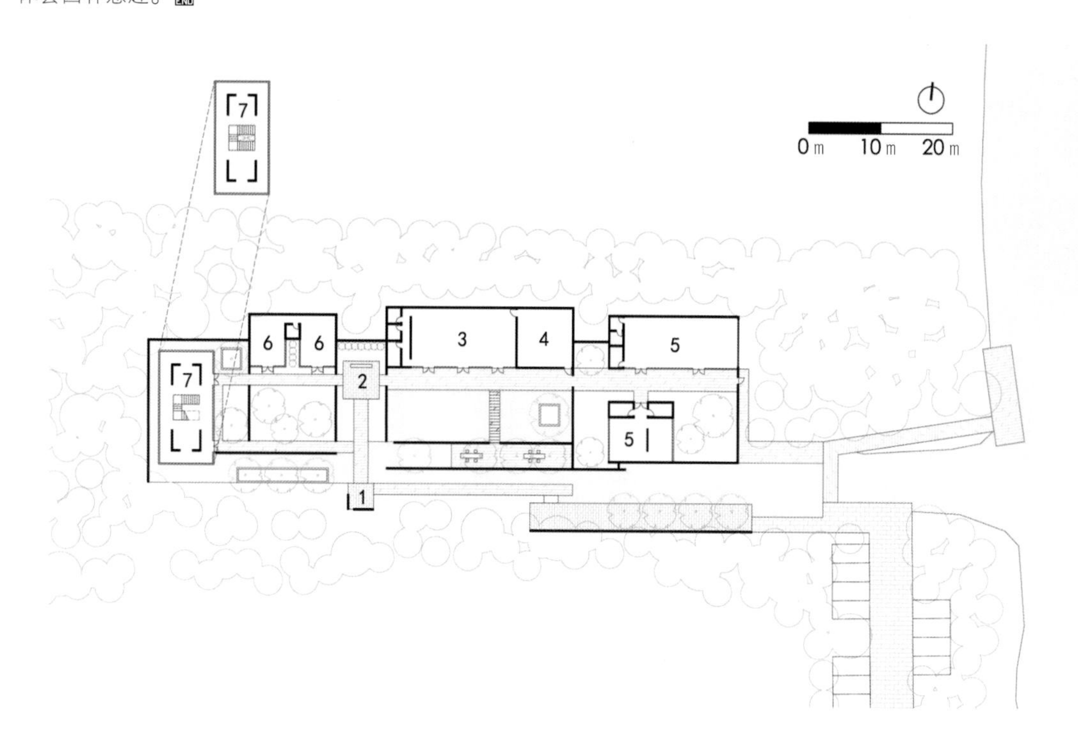

1　入口亭
2　门厅
3　接待室
4　厨房
5　餐厅
6　茶室
7　藏书阁

1	3 4
	5
2	6

1 藏书阁效果图
2 平面图
3-4 模型
5 入口景观效果图
6 水院效果图

RIPOLLTIZON 的校园建筑设计

EDUCATIONAL ARCHITECTURE OF RIPOLLTIZON

撰　文 | 银时
资料提供 | RIPOLLTIZON事务所

RIPOLLTIZON 事务所由两位西班牙设计师 Pep Ripoll 和 Juan Miguel Tizón 共同主持。这家创立于 2002 年的事务所无论是在较大型的公共项目还是休闲娱乐及私家住宅项目上都屡有佳作问世，其分别于 2010、2011 年完成的两所校园建筑设计，在空间组织和色彩运用上都有独到之处，值得分享。

CONSELL 幼儿园

CONSELL KINDERGARTEN

撰　文 | 银时
摄　影 | José Hevia

地　点 | 西班牙马略卡Francisca Homar Pascual Av.
面　积 | 996.05m²
设计师 | Pep Ripoll,Juan Miguel Tizón
合作设计 | Pablo García,Claudia Bacci,Luis Sánchez
项目预算 | 1 369 167欧元
设计时间 | 2007年
竣工时间 | 2010年

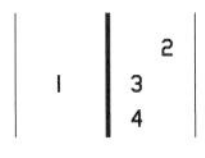

1 主入口
2 在屋顶看“之”字形路径
3 草图
4 模型

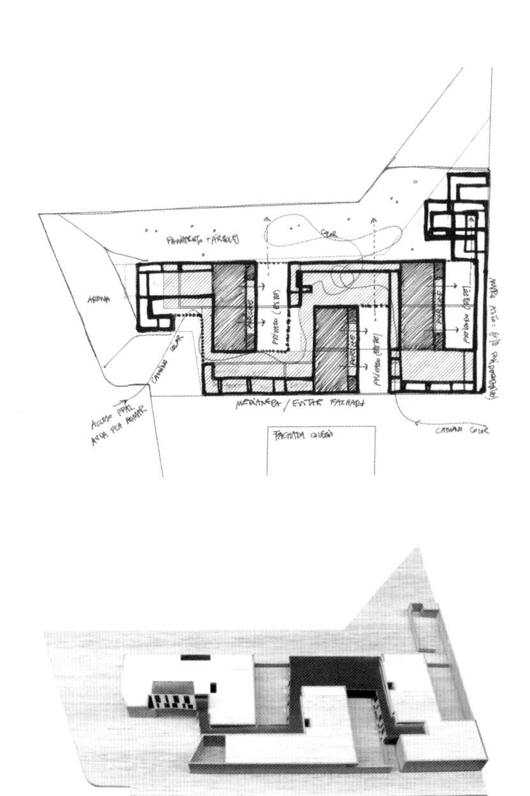

Consell 幼儿园完成于 2010 年，是西班牙马略卡岛 Consell 地区“Bartomeu Ordines”校园综合建筑的一个扩建项目。场地位于一处城乡交接地带，在城区东西向轴线上占据了一块狭长的区域。

新建筑为单层，包括六间教室，供三到五岁儿童使用，每间教室都包含专属的洗手间以及户外操场；另外还有一间心理教室、管理区、带厨房和储藏室的食堂，甚至还有片菜园，以及一个所有孩子公用的操场。项目需要满足两方面的需求：一是教室及其户外专用操场最好朝东，以便最大限度地利用早间的日光；二是新建筑和原有建筑要互相连通，这样整个校园的学生都能使用新食堂，但同时新建筑也要能够保持独立。

考虑到要设置从主街进入建筑的道路以及设置与原有建筑相连的步行道的需要，设计师试图设计一座可以穿越的建筑，让建筑本身成为“路径（path）”。设计师将这个“路径”的概念作为出发点，设计了一条贯穿场地、色彩丰富的之字形路线，这条路线将室内和户外联系起来。为了能在“路径”上合理安排各个功能空间，设计师拓展出了“教室群（classroom cluster）”的建筑形式。所谓“教室群”，即由两间相连的教室组成，教室采用玻璃立面，门廊面向专属操场，这个场院成为教室在室外的延伸。教室群朝东，保证每间教室都能获得良好的自然采光，避免了与原有学校建筑北立面的视觉联系。六间教室由此被“教室群”转化为三个体块，集成在一起，创造出了一个衔接空间。

从屋顶平面上就可以很清楚地看出建筑体块间的联系和交通流线。屋顶沿着之字形路线遮蔽着这条“路径”，各体块保持相同的高度，而到了街道上的主入口处，屋顶骤然抬高，像是在欢迎来客，它还引导孩子们进入教室，并在操场旁边形成了一个有顶区域。这是一个充满动感的、可以遮阳的折叠屋顶，引入了附近橘园的的颜色，像一把缤纷的大伞，为孩子们的各种活动提供了有效的庇护。

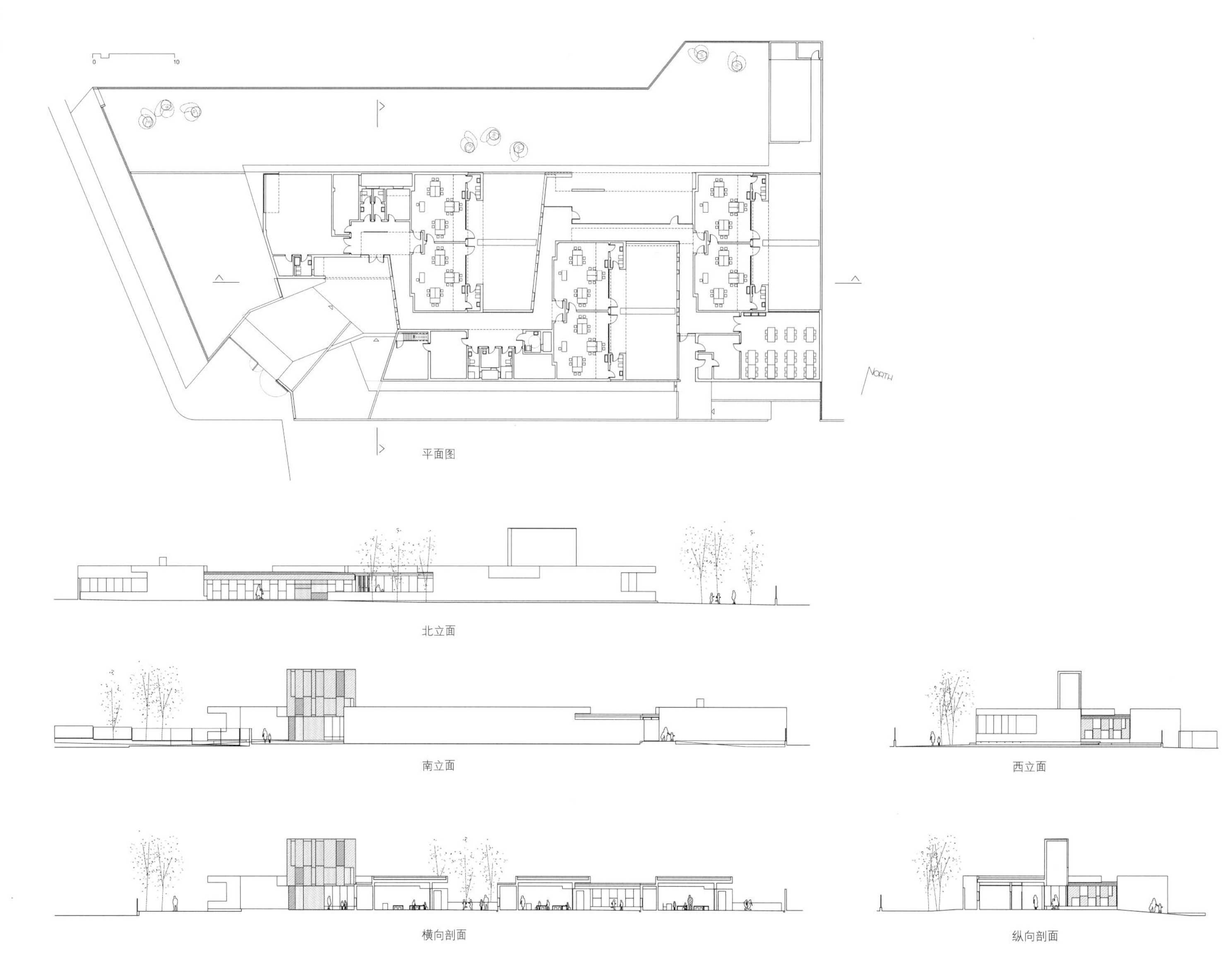

平面图

北立面

南立面

西立面

横向剖面

纵向剖面

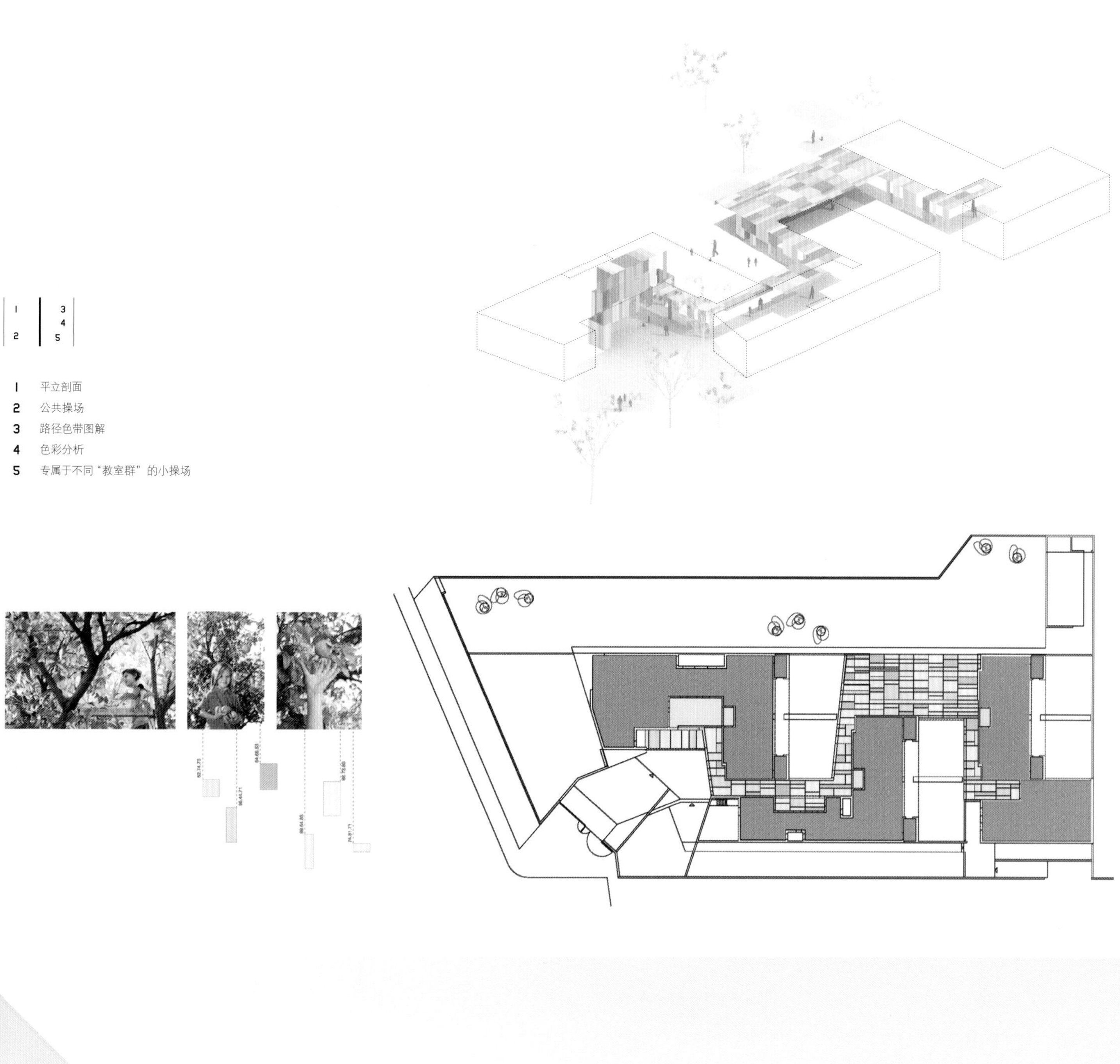

1 平立剖面
2 公共操场
3 路径色带图解
4 色彩分析
5 专属于不同“教室群”的小操场

| 1 3 4 2 | 5 6 8 7 |

1-3 孩子们在各个不同的室外活动空间中嬉戏
4 建筑色彩的运用引入了附近橘园的的颜色，与场地形成呼应
5-7 合理的朝向设置以及大面积落地窗的应用为室内带来充分的采光，并为室内外带来通透感
8 交通动线

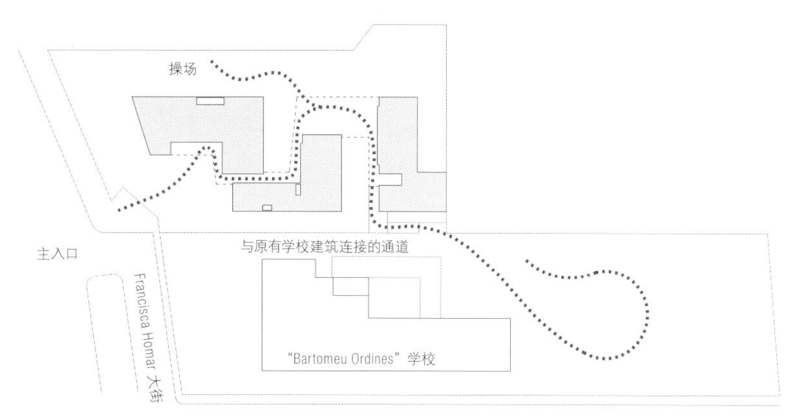
操场
主入口
与原有学校建筑连接的通道
Francisca Homar 大街
"Bartomeu Ordines"学校

BINISSALEM 学校综合建筑

BINISSALEM SCHOOL COMPLEX

撰　文 | 银时
摄　影 | José Hevia

地　点 | 西班牙马略卡Francisca Homar Pascual Av.
面　积 | 3 166m²
设 计 师 | Pep Ripoll, Juan Miguel Tizón
合作设计 | Xisco Sevilla
项目预算 | 2 060 064欧元
设计时间 | 2005年
竣工时间 | 2011年

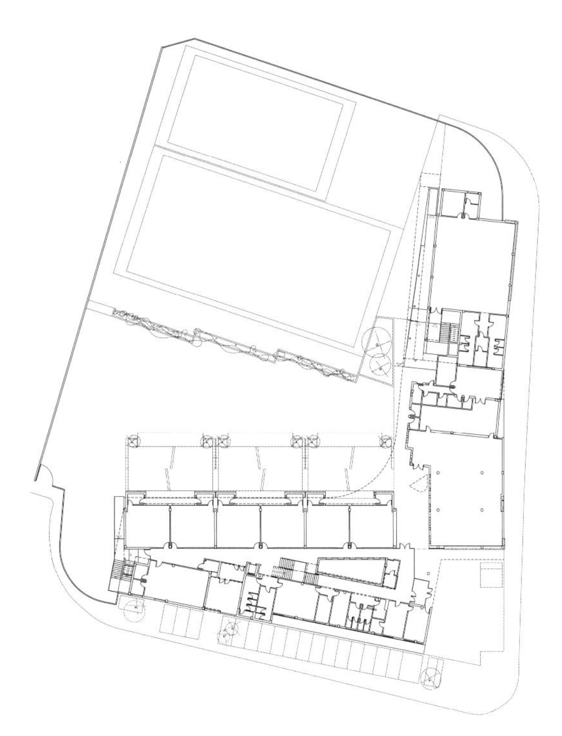

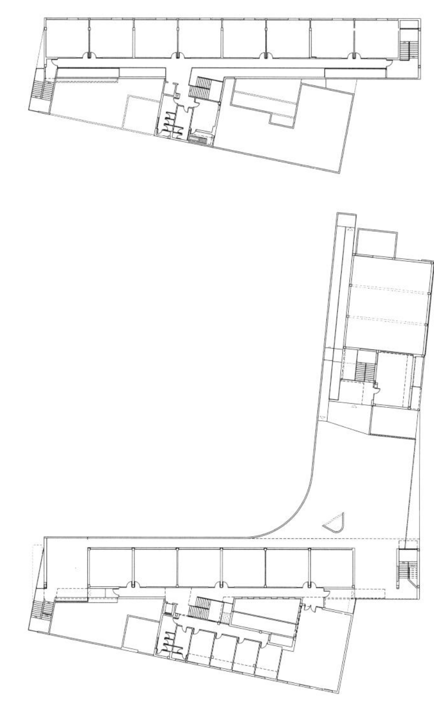

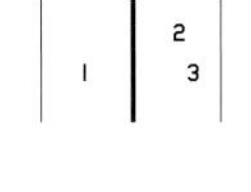

1 主入口
2 建筑外观
3 平面图

Binissalem 学校是一所综合性学园，包括小学部与初中部。它位于 Binissalem 的市郊，基地就在一条名为“Camí de Pedaç”的郊区公路边上。周边区域的城市规划浓缩集合了各种不同的结构类型，包括各式各样的联排住宅、独栋建筑以及城市综合设施。

设计师的设计始于对尺度问题的思考，他们希望打造出一个能在校园及其场地环境中几种不同的空间尺度之间形成呼应的建筑。在空间组织上，新的综合建筑体一方面临着大街，建筑体块看似支离破碎，天际线轮廓也参差不齐，这增强了透视效果，并在尺度上与周边地区未经规划的个别建筑单体互相协调；另一方面，在基地内部，建筑室内朝向面对的是一片乡村田园，建筑体块围合出一片游乐及运动场地，创造了一个构件规格更大、体量更为紧凑的立面。此外，在功能组织上，仅用于教学的建筑区域明显与可以安排课外活动的区域分离开，创造出不同的建筑体块和规模，并妥善地安置在复合建筑体之中。

立面基于公路的退线，留出了一段临街的空地，成为一个主要的入口空间；这同时也是一个位于建筑转角的开放广场，形成了交通循环路线，也组织排布起不同的功能区。不同的功能空间分布在不同的楼层，这样就可以减少建筑所覆盖的地表面积，以留出更大片和规整的地盘，将游戏场地、体育场地乃至未来可能需要的扩建场地均容纳其中。外部坡道连接着学校操场与高架平台，平台置于底层的部分屋顶上，在这个屋顶平台上，可以欣赏到 Binissalem 城区的天际线，以及周边山峦的壮丽风光。END

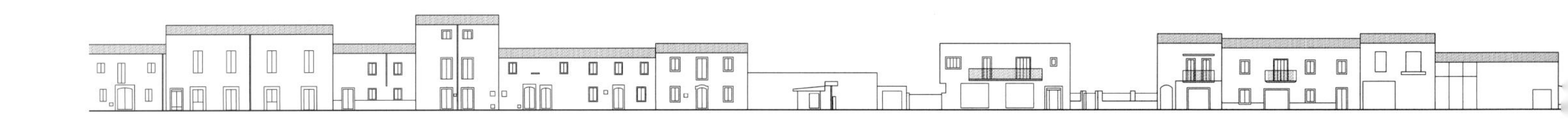

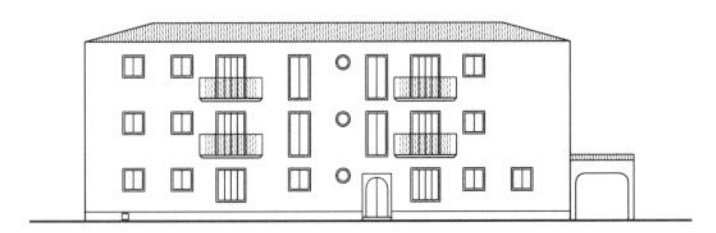

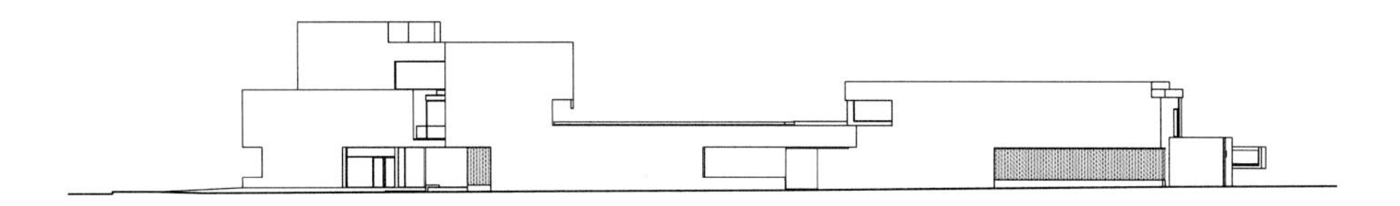

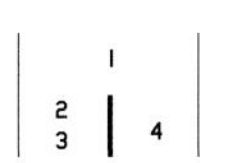

1 立面图
2 建筑与公路的关系
3 建筑与附近村庄的关系
4 建筑体向内围合出运动场地

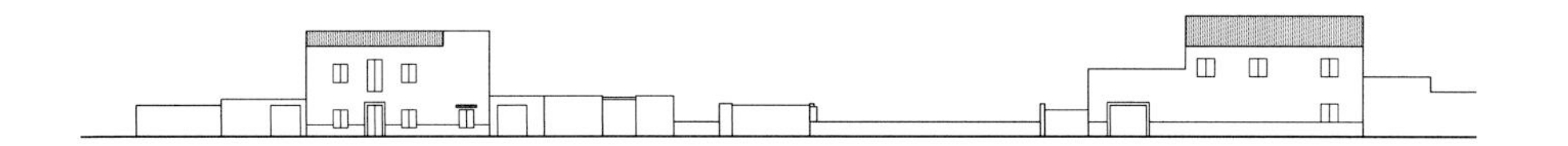

1-2 建筑立面及室内明亮的色调和缤纷的色彩，营造出适宜小学生学习和游戏的活泼气氛

3-4 富于动感的空间组织可以带来感官体验上的趣味性

童明：与现实对话

撰 文 | 徐明怡

童明

1968年生于南京。1990和1993年于东南大学建筑学专业毕业，获得本科与硕士学位；1999年于同济大学建筑与城市规划学院城市规划理论与设计专业毕业，获博士学位。1999年留同济大学建筑与城市规划学院任教，至今担任城市规划系教师，教授，博士生导师。同时兼任上海市规划委员会专业委员会专家，上海同济城市规划设计研究院总规划师。

童明目前已经成为中国较有影响力的青年建筑师。作品曾在各类国内外重要专业期刊与专著中发表，同时还曾参加各类重要的专业展览，如荷兰鹿特丹“中国当代艺术展”，香港双年展（2008），比利时 Architopias 建筑展（2008），2008年威尼斯建筑双年展（2008），法国巴黎“中国当代建筑展”（2008），法兰克福德国国家建筑博物馆及柏林建筑研究中心“M8 in China，中国当代8位建筑师建筑展”（2010）。完成的主要建筑作品有，苏州平江路董氏义庄、南京高新区服务中心、南通市政府大楼、上海周春芽艺术研究院、上海中共四大纪念馆、上海韩天衡美术馆等。

© 王伟强

ID =《室内设计师》
童 = 童明

继承家学

ID 您的爷爷童寯与梁思成、杨廷宝和刘敦桢并称中国建筑四杰，您是受到家学影响而选择建筑学专业的吗？

童 大多数人觉得我学建筑应该是理所当然的，其实在我们家庭环境里，这只是一个偶然的转折。我的伯父，也就是我爷爷的长子，开始有些受到他的影响，他大学阶段学的是土木工程，但是毕业去美国留学后，就迅速失控。1940 年代最为时髦的领域就是无线电、电子这些高新尖的学科，我的伯父就转到那个领域里去了，他的转向带领了他的两个弟兄也都发生了转型。我父亲在大学时学的是物理专业，北大毕业后有一段时间被分到部队里，1956 年的时候，我奶奶去世，他就被调回到南京，而他的专业其实和南京工学院没有什么太大关系，于是就去了电子工程系当老师。我母亲一开始是学动力的，后来改到无线电。我的哥哥受到他们的影响，后来也选择了无线电专业。

我是在 1980 年代上的高中，在那个年代，建筑学的影响力极其微弱，我自己都不明白学建筑是干什么的。而数理化则是倍受尊崇的学科，我们的榜样都是那些在高一的时候就能考取少年班，到复旦或中科大去念物理系的学生。我的高考志愿一开始填写的是数学专业，而且是理论数学的那方面。填完志愿后在家里也没感到什么，但却惊动了我爷爷的三弟，他当时在上海，是医药学方面的权威，青霉素就是他带回中国的。他很着急，觉得童家今后就没有学建筑的了，那是不行的，得让童明学建筑。一声指令，立刻行动。当时我住校，我母亲就到学校找我谈了一下午，晓以利害。无奈之中，我只能接受了建筑。

ID 虽然选择建筑学专业是无奈的，但生长在这样的家庭中，您是不是从小也受到建筑学的熏陶，并受到相应的训练？

童 实际上，直到我上大学后，很长时间都是一张白纸，和其他人没有任何差别，我当时连画图都不会，什么背景知识也没有。我的大学生涯就是从零开始的，从制图到设计，就像每个建筑系的普通学生一样。

ID 童老没有给您指导吗？

童 他对我来说就是个普通的爷爷。他每天的生活很规律，看书、写东西，一个人关在房间里做事，只有到饭点的时候叫他吃饭，才会出来。他在世的时候，其实对我们并没有直接的灌输和影响，没有什么强加的期待。不过，潜移默化的影响肯定是有的，他就像尊佛一样始终矗在那里，他的存在影响着我的生活态度与处世方式，每当我面临一些选择的时候，如何去理解判断，就会感受到一种天性，这是一种无法解释的因素。另外一方面的影响则比较直接，我从 1993 年起开始花很多时间去整理他的文字和书籍，当初接触他的东西时，看到的只是一个一个的字符，现在再回过头去整理时，一层一层的厚重感就开始渗透出来。

比如这两天我正在整理他晚年时的一些信件，就发现当时一批风华正茂的年轻人，在经历了解放初、文革后，逐步进入老年状态时，互相之间的通信就变成了诸如“你还有气吗？”“他还在吗？”之类的询问，这既让我感到人生的沧桑变迁，也看到他们那代人对于生活世界的理解，这些对我的影响是非常重要的。

一旦流出去，就不知会飘到什么地方

ID 您的本科是在南京工学院读的，这是中国传统的建筑学老牌学校，您在校受到的训练是怎样的？

童 我们在大学里开始学的内容主要有两方面，一方面是属于传统基本功的，从各类线条到水墨渲染；另一方面就是如何去做各种类型的建筑设计。但我们那届稍微有点特别，在入学之初的第二学期，刚从瑞士回来的顾大庆在我们这届尝试教学改革，他将瑞士的教学方式，就是比较纯粹的几何学操作与简洁形体构成之类的训练融入教学之中，而我正好又被选入瑞士老师卫柏庭的那一小组，现在回想起来应该是一件非常幸运的事情。但是在当时的大环境里，这样的另类训练实际上非常有限，就像一点火苗一样，一个学期后就迅速熄灭，对后来几乎没有留下什么影响。因为当时的整个教育体系仍然非常呆板，大家所注重的仍然是从功能布局开始，布局完成之后，再搞形体设计，也就是外立面设计，建筑设计从小做到大，但这种套路在当时的本科教育中仍然非常占据主导。

ID 有什么印象比较深的课程吗？

童 东南另外一个比较显著的教学特色就是非常扎实的工程性传统。回想当时的大学课程，给我留下深刻印象的倒不是那些各种类型的建筑设计，而是三年级时做的一幢最为普通的住宅楼设计。这个住宅楼设计我们做了一个学期，不仅包含了建筑专业设计，结构、水、电都要自己画图计算出来。可能现在这门课已经没有了，然而在当时，我们在前面两年所学的结构力学、给排水专业等等都用上了，在三年级进行了汇总，逼你把所学的全部内容都要消化完毕。现在我已经回想不起当时是怎样完成这项设计的，总之是乱七八糟的。但是整个过程却给我留下了非常深刻的印象，让我明白了一幢建筑设计的过程是怎样一回事情。

ID 研究生阶段是怎样的？

童 当时我是直升硕士，入的是齐康老师的门下。在齐老师那里，更多的是参与工程实践。在1990年代初，建筑项目开始逐渐增多起来，我就在后面跟着画施工图。那也是个刻骨铭心的阶段，除了来自齐老师的直接影响，当时研究所还有几个非常厉害的人，陈宗钦和赖聚奎等等，他们更加直接地带我们，我们从而接受了从图纸到现场的多方位训练。

这其实是一个非常重要的衔接阶段，让我对真实建造进一步有了一种整体观念。反过来说，对于本科阶段所学的建筑历史、基本原理又有了一层反思，开始有些明白为什么需要这样去画图做设计、设计评价标准是什么、导致建筑变化的原因又是什么……

ID 那您应该是一直都念建筑学，为什么后来又进入了规划学领域？

童 这个转折其实是在齐老师那里写硕士毕业论文时发生的。当时齐老师有一个关于小城镇研究的课题，我们那批学生中很多都转到了城市话题，例如小城镇的发展、城市空间或公共广场等。我自己就弄了一个题目，是关于城市中心CBD的话题，当时还不太有人关心这个，也看不到太多的相关文献，只得尽力从原版书中获取信息，然后再写那篇文章。我那时有一种朦胧的观念，认为建筑设计的原则和标准应该是从城市里获得的。当然，这是一个很含糊的观点，于是就导致后来到同济的转型。我是1995年到同济的，就读城市规划专业博士，进入了城市规划的体系。

ID 从设计到施工图，再到规划，您的经历仿佛是在寻根，寻找到了吗？

童 没有。当时在东南学习时，那里的城市规划视角比较单纯，而且局限，基本上是集中在物质空间与美学设计方面的。而同济则较为开放，我的导师陈秉钊当时的主要研究方向是系统工程，也就是把城市看作为一种巨型系统，涵盖社会政治经济。虽然我说不清楚这究竟意味着什么，但这种理解方式改变了我。我看了很多城市研究领域的书，逐渐发现城市规划并不是一件简单的事情。究竟是什么人在后面决定着它、影响着它，根本就是一件无从定论的事情。这对我而言，其实是个比较潜在的打击。我本来是想到这个领域中寻求根据的，能够使自己的建筑设计获得更大、更可靠的视野，但突然发现这个领域也是模糊的、分裂的、弥散的。因此后来做博士论文的时候，我就开始偏向公共政策方面，思考城市规划的那些决定在现实中是如何逐渐形成的。

ID 这和建筑设计没有什么关系。对您来说，是种逃避吗？

童 不是的，这是一种随波逐流的转折过程，这可能已经成为了我的一种宿命。我在我们学院一直流动变化，博士毕业留校后，一开始主要从事的是城市公共政策方面的课程，然后又被分到社区研究以及城市社会学领域，接着又由于时代的需要被转到生态城市团队，因为这个方向比较时髦。直到前年，我才又被派到城市设计的团队，从事这方面的理论和课程，可以说，也算与原来的建筑专业有些靠近了。人一旦流动起来，就不太知道自己会飘到什么地方。

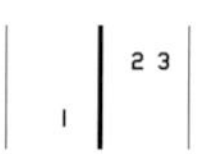

1 苏泉苑
2 苏州文正学院图书馆
3 苏州文正学院教学楼

那个难以琢磨的时代

ID 您是否就此与建筑学渐行渐远了呢？

童 不是的，我在博士阶段很幸运地碰到了王澍。他和我是同一年同一班到同济的，他给了我很大影响。可以说，我对于建筑的认知和理解从那时才开始真正形成。他和我都毕业于南工，但他比我早五届，我刚入学时，他已经在读研究生了，导师也是齐康。但即便是同门师兄弟，我们当时根本没有碰过面，他名声早已在外。

到同济后，我们才混到一块儿的。实际上，他当时的状态也是比较迷茫，他的硕士学位在南工没有获得通过，到浙江美院后也不是很入正轨，估计美院的人也不理解学建筑专业究竟是做什么的，也没有一个稳定的领域可以包容建筑学，总之他处于比较边缘化的状态。那种状态也导致他在同济时并不是太在乎于建筑学的这点事情，更多的时间是在看哲学书籍。所以，当时我也会跟着他去读现象学和解构主义方面的书籍，如海德格尔、胡塞尔，还有法国的一些哲学家，我们有时还一起跑到复旦去听哲学课。

ID 你们有过合作吗？

童 我们一起做过文正学院图书馆，他负责方案和具体设计，我负责施工图和现场配合。这个项目对我而言也是非常关键的，突然间，觉得由于有人引导，平时有所迷惑的事情开始变得明晰，因为视角改变了。这就会影响你想问题以及看待事情的方式，这种方式与当时常规的建筑设计模式完全不同。

ID 你们当时还是在校学生，而这个项目也非常复杂，这在今天看来是完全不可思议的，您怎么能接到这样的项目呢？

童 实际上在那个时候，我们都还没有独立的工程经验，之前都是跟在老师后面画图的。然而这也是1990年代的一种属性，很多机遇会悄然而至，而且建筑设计环境也没有像现在这么严格。当时，一个刚刚起步的开发商找到我夫人，说："你先生在同济，是个博士，能不能让他来给我们做一个项目设计。"似乎那时博士在人们的心目中还比较有份量，只要你是个博士，就应该是个全能的。

ID 前面您也谈到，这个项目和当时常规的建筑设计模式不同，这是怎样的不同呢？

童 在那个年代，建筑设计的一般套路就是甲方提出需要多少房间，多少面积，然后你就照此排出平面布局，再做立面效果，并画成效果图。

相对而言，文正学院的初始条件是有些另类的，由于甲方不是特别专业，因此对于建筑设计没有任何要求，再加上这个项目地处郊区，也没有什么部门管理，因此设计的注意力就集中到基地的自然环境中来。它并不是一块想象中的平地，而是一片荒草丛生的山包地。你很难想象，在这块歪七扭八的地形中的房子到底应该是怎样的，那些平时见到的校园建筑在这里是完全不成立的。因此，这就迫使我跟着这个地形环境去思考建筑的根本问题，琢磨建筑如何与山体环境之间形成互动关系，这真是一个机缘巧合的事情。不过，这个项目从接手做方案到第一期投入使用，总共也就10个月的时间。在方案没有具体成形的时候，场地就已经开始在平整了，整个工期没有半点喘息的时间。

ID 您和王澍是如何分工的？

童 我一开始做的是教学楼，这是第一期。完成后，甲方比较满意，于是，我就拉王澍进来做图书馆。这部分时间相对比较充裕，甲方基本上也撒手不管，以至于我带着王澍去向校方汇报图书馆第一轮方案的时候，他就用铅笔画了一张草图，一个简单的长方盒子，只是在两个侧面描绘了玻璃幕墙。看到这张图时我有些心里发虚，不知王澍对着它能够介绍些什么。实际上，王澍已经有很多考虑，只是没有时间将其表现在图纸上。而甲方也没有计较什么，甚至连基本的功能要求也没有提出意见，汇报也只是例行开会，我们就往下做了。

ID 这听上去不可思议。

童 那真是一个匪夷所思的年代，没有任何的审批，也没有像样的规划控制管理，甚至甲方对建筑设计的要求都没有。不像现在，施工图需要一道一道的部门审批。当时，你的图纸甚至墨线都还没有干透，就可以直接交给工人进行施工。但是相应的，这也不是一个肆意胡为的事情，许多决定是需要和现场施工的工人讨论决定的，于是，建筑设计与基地环境、现场施工可以达到一种最为密切的互动关系。

那双视而不见的眼睛

ID 在这样特殊的大环境下，您是否还完成了一批像文正学院这样有意思的项目呢?

童 文正学院后就是董氏义庄，这是大概2002年前后开始的一个差不多的同类故事。2004年，苏州将要召开世界遗产大会，这就给了平江历史街区改变没落命运的一个机会。整个规划是由阮仪三老师主持的，我负责沿着平江河的一头一尾设计两个游船码头。这个项目在开始时其实也是含糊不清的，我从甲方这里得不到太多的具体要求，比如投资额多少、今后的用途是什么、面积有什么限制等等，不过，做就做了。

ID 能具体谈谈这个项目吗?

童 经过文正学院的一套过程下来，那时对于建筑设计的整个程序就比较心中有谱了。当时在现场我就觉得：第一，这应该是一个很不起眼的建筑，尽量不要让人意识到的建筑；第二，这个建筑不是对周围建筑的一种重复，它应该有自己的表达，但是也要与周边历史街区有所关联。这个思考过程实际上是漫长而曲折的，我会反复掂量思考，从各种角度置入自己的视点，并且也相应通过自己的建筑去引导别人的视看，而且对于光线、材料的质感等方面也有了更为成熟的理解，但所有这些又需要将复杂转化成最简单的方式。

值得庆幸的是，我在做这个方案时，也没有遇到太多阻力，当时整个外界的压力都不是特别大，没有人会对这样不起眼的小房子感兴趣。因为忽视，所以宽容。董氏义庄应该是一个完成度很高的项目，却在几乎完工时出现了波折。当时的区政府担心，一座茶馆放在这里，根本不可能由自己去经营管理，所以一定要招商。开始接触的是台湾的一茶一坐，我当时觉得他们还是有所追求的，为此还特别考察了上海许多的一茶一坐餐厅。虽然它们的内部空间比较花哨，但还是有格调的。我到他们的总部与他们老板见面，聊得也很投机，达成了比较愉快的共识，要去营造一个更加彻底的对江南传统追根溯源的空间。但等到正式开始动工时，分歧就来了。很多民居中非常漂亮的老墙面，我在建筑设计中还刻意留下相应的天光，他们都选择了视而不见，而坚持使用他们连锁店的统一标准，将原有的空间格局完全改变。为此，我和他们吵了一架，但仍然挡不住他们对于当时已经几乎完工的董氏义庄的内部拆建。这件事对我刺痛很大，从那以后，我就几乎没有回过董氏义庄。

ID 这是种怎样的刺痛？

童 我觉得这是值得反思的。一方面，随着不断的实践过程，你的敏感度会逐渐成熟，会有能力去识别一些更加微妙的因素，这不仅仅是一种地域性的问题，而且也包括那种确凿的、给人带来现实享受的各种建造因素；但是另一方面，这样一种敏感程度也会导致你与很多人的理解不太一样，从而导致沟通方面的困难。大部分甲方其实并不在意你的设想，或者现实中的状况，而是经常会说:“童老师，那个挺好的，你能不能做成那样？”这就让我时常想起柯布西耶所说的，他们有一双视而不见的眼睛。这就是现实，几乎在每一个项目中，都会碰到这种情形。

ID 有例外吗?

童 有的。在我为数不多的项目里，周春芽是一个非常例外的甲方，他基本上从不插手什么，可以看得出来，有时他也挺着急的，但是能够忍住不去干预你的工作。我想，作为一名画家，他肯定也会理解这一点，因为在设计过程中，一旦进入到某种思维深度，就是不该受到过多因素的干扰，而是应该让设计者更多地专注于思维线索的发展，这样才能得出一个比较本真

1-3 上海周春芽艺术研究院
4-5 苏州平江路董氏义庄

的结果。在整个项目过程中，我和他并没有太多的交流，但是相信他应该也是这么来理解的。

这个项目显得过程非常简单，2007年末孙继伟打电话问我有没有空为周春芽设计一个工作室，我就答应了，当天下午就去现场探勘基地，很快就形成了一份草图方案，去成都和春芽碰了个头。他带着我们看了他在成都的两个工作室，一句交代也没有，就让我回来完成了设计。他实际上几乎没有怎么看图纸，没有一次的否定。于是我基本上完全沉浸于自己构造的想像空间中，并逐步将它搭建起来。周春芽工作室是我经历的一个极其顺利的例外，但总体而言，其他的项目都是一种充满了斗争的事件。

ID 比如说呢？

童 我曾经经历过非常激烈的场合。1999年博士刚毕业的时候，我参加了我导师在浙江台州的路桥老街的详细规划。我当时就留了一个心眼，力图在这个规划中寻求了一些缝隙空间。我所选择的是这条老街和外围新城之间的那些交接之处，这些节点并不处在历史保护范围，也不是彻底的重新建造区域，而是一种较为杂乱的中间地带，我们需要在其中插入一些新建筑来进行两边的衔接。规划做完后，我招呼了柳亦春、董豫赣、王方戟、王澍等人去做这些建筑设计。

但是这个项目进展得很不顺利，给我们制造麻烦的并不是政府部门，而是街区中的老百姓，他们也并不是对你的设计有什么意见，而只是在乎自己的利益。原本老街是要完全保留的，只是其中一些特别差的房子需要重建替换。但是事情进行到一半就引起了很大争议，街区百姓所争议的就是为什么他家的房子可以拆除重建，而我们家的房子只能原封不动？最终这件事情演变成集体抗议行动，导致了整条老街被连根彻底拆除。一个月后，当我再去路桥的时候，整个地块被彻底铲平。当时我们费尽心机想保留下来的那些非常生动的文革标语、老旧墙面全没了，而我们的建筑基地，那种新旧肌理之间的对话关系也全没了，当时我的心就凉了。

此时，就可以看到建筑师所关注的那些事情，空间、光影、观景，这些因素在这样一种大背景中是多么的渺小。例如董豫赣当时做的方案非常仔细，在他基地的侧面有一座非常漂亮的老宅院落，在设计过程中，他满脑子想的就是如何通过新建筑来表达好这座老建筑，如何通过一条廊道去观看满坡的瓦屋面，如何通过一道窄缝去呈现对岸的沿河景观，如何通过一个小院来呈现一颗蓬松的大树。结果一夜之间，在设计中认真琢磨的交流对象突然就消失了，真是令人难以交代。

最后真正让我们崩溃的是当地政府请来的一家策划公司，前期我们在规划中所确立的城市结构体系，新建筑与旧建筑之间的共存关系，以及外围地区的开发容量计算，一旦等到项目启动后，就被扔到了一边，他们开始关心的是另一层面的问题——这些房子今后怎么卖出去？于是就找了一家策划公司。策划公司和我们讲的故事就完全不一样了，基本上就是一个产品包装，不是在这个入口处加上一个飞龙盘柱，就是在那个门头上贴上乱七八糟的传统标识，他们的区长听得津津有味。

有一次汇报方案时，两方面的人碰在一起，等策划公司汇报完后，我们这边就集体郁闷了。王方戟情绪比较激动，当时在桥上就和他们争吵起来。现在想起来也觉得有些好笑，当时我们都是一批愣头青。最后的结果就是王澍设计的房子从一开始就被全部灭掉，一个也没有盖起来；董豫赣的房子被改得歪七扭八，他后来断然拒绝再去现场，不再管这个事情了……最后，我差不多只能一个人去收拾这个残局。这是一个令人无奈的项目，不过有一些还是盖起来了，我的那部分还算幸免于难，因为处在他们争执的区域范围之外，大舍的一条街也基本成形，李凯生的一个片区也盖起来了。

ID 这是种普遍性的状态吗？

童 是的，在当时，大多数人都是刚从视野狭小、相对贫乏的年代中缓过气来，他的眼睛会在不同的景象之间游动迷离，一会儿欧陆风情，一会儿简约现代，目不暇接，瞬时间就会毫无理由地从一个对象漂移到另外一个对象。实际上，我们整个时代就是一个缺乏文化根基的时代，缺乏审美自信的时代。不仅非专业的普通人如此，甚至建筑师也是这样，而那些自以为是的官员们就更别提了。在大多数场合中，建筑设计就成为了在一本花哨图集中点菜单的事情了。所以，一旦当你试图通过自己的方式去发掘或构想某种景物，在现实中很难找到对话的机制。

ID 这是对现实的批判吗？

童 这并不是愤世嫉俗的姿态，我认为这就是一种自然现象。在设计过程中你能够进行交流的对象只能是自己，那种期望之中的合理对话实际上很难存在，这就导致了一种两极分化，要么建筑师就是一种听话的绘图员，只会跟着甲方的观点走，要么他就只能成为一名愤青，在现实中寻找那一点点的缝隙。因此我觉得那些能够被称为建筑作品的大多数只是一些个案，是无法复制的。比如，王澍的象山校园如果缺少了许江的支持，它能够成立吗？所以我一直觉得，建筑学只是一小撮人琢磨的事情，它不是一个社会话题，你不能通过社会责任对它期待太多。

ID 但我们还是看到了大批量的当代建筑作品产生。

童 这个时代的超级数量支撑了它们，因为到处都在建造，总会有缝隙。不过，这并不是一种时代性的建筑学土壤，就像明清年代，当时的江南遍地都是园林，即便不是文人墨客，普通居家都会在一种很精致的环境里去思考他的生活状态，这就是一种文化的基底。我觉得对于这种建筑土壤影响最大的来自于目前的整体制度环境，它变得越来越严格了，使得留给建筑师进行操作的空间远不如2000年之初。你在建筑设计过程中所要忌惮的因素实在太多了。在那个时候，我们更多的是在挑战自我，而现在所要忌惮的是一堆的规范，一堆的制度体系。

在乱瓦中发现结构

ID 这可以理解为您是从文艺建筑师转向了职业建筑师吗？

童 这不是一个有关职业建筑师与文艺建筑师的问题，作为建筑师，你必须面对现实的环境，在这种现状下，建筑设计绝对不是一种文艺青年的工作。也许在2000年的那个年代中还可以想象一下，因为当时社会还存有很多豁口，会存在机遇。

ID 骨子里还是很理想主义的。

童 我倒并没这么想，你别忘了我的另外一个根系。实际上我是非常现实的，因为一旦接触到城市研究的视角，所面对的大量话题并不属于个人世界，你会开始关心人与人之间的问题。所以，我在做建筑设计的时候，会去琢磨对方会怎么想，顾忌太多其他的因素，比如施工会不会太难？成本会不会特别高？所以我的耳根子比较软，不能像董豫赣那样，一旦想定了，就会一口气地坚持下去，绝不妥协。

ID 这是否代表您会对现实妥协？

童 会，而且非常多。实际上，这也就导致了一种设计习惯。我在做建筑设计的时候，方案的真正定型一般都很晚，因为在刚开始的阶段，我需要尽量收集信息，通过不断抛出一个个设想，在看到一系列的对立面后，才能把整个事情的各种因素汇聚到一起，然后从中寻求一种结构关系，这就是我的典型工作方式。所以有时候回头看看自己做的东西，基本上很难存有体系，没有很明确的标识性。很多人也这样说过我，不过，我觉得这是种本性，很难去改变。

ID 我觉得您的这种状态更像是个与现实对话的过程，不同的现实境遇造就了不同的结果而已。

童 实际上，我更倾向的就是在对话关系中去构造建筑。因为在一个项目中你可以采取的视角非常多，我并不会在一开始就非常武断地选择其中之一，而屏蔽掉其他，而是会花比较多的时间去思考在不同的线索之间如何去达成某种结构。一般而言，为了避免不伦不类，为了形成一目了然的清晰线索，人们经常认为一个方案的设想从一开始就会明确下来，中间即便有波折也不能动摇，这样才能实现最后精彩的结果。不过，这样的模板离我太远，我的事情永远都是乱七八糟的。

ID 我觉得您的"乱七八糟"也是自己所选择的方式，为什么会偏爱这种并不讨巧的方式呢？

童 我觉得这可能更加接近现实环境的真实性，或者说，我的天性决定了我现在的状态。虽然，在很多情况下都是被动的，但是其中必定有一个关键点，我努力从一堆乱瓦中发现它们的内在结构，并将它用最为合理的方式呈现出来，这就是我作为建筑师时最为核心的状态。

ID 虽然拥有建筑师、规划师以及教师这样的多重身份，我发现您仍然是个很高产的作者，一直不断地在写一些含金量非常高的文章，是将自己定位于思考型的建筑师吗？

童 可以这么说吧，如果缺少了痛苦的思考过程，做建筑也就没什么乐趣了。这可能一直是我的一个基本理想，总是想把事情思考得更加明白一些。以前答疑解惑基本上都会来自于师傅的口传身授，但是到了我们这个时代，很多情况下对于事情的理解只能通过阅读。刚开始时，我读书也都是糊里糊涂的。比如那时在同济图书馆刚刚翻到《拼贴城市》，就知道这是一本经典，但是实在读不下去；然后就逐字逐字地翻译，仍然还是看不懂，这已经不是语言的问题了；于是就放下两三个月，某一天从其他的渠道偶然获取了一些心得，然后又回过头再看，反反复复地看，长而久之，你就会发现这其实也打开了其他一些通道，接触到了其他理论，这种路径其实是曲曲弯弯，然而顺着它往下走，其实会发现整体方向是对的。

有时透过他人的视角来看待世界，可能会看得更加透彻，因此读书让我觉得受益匪浅。我有一半多的时间其实都是在阅读，但是为了阅读，为了整理自己的头绪，也就不得不去写，这是一个不可或缺的互动过程。

其实，我认为写作与做建筑设计的过程没什么两样，它们都需要精细的阅读，勤奋的写作，只有在这种互动过程中，才能够精微地去识别更多的信息，然后从中吸收，再进行整理，才能去思考。我认为这不是一个专业方面的问题，从某种意义上也是一个生存问题，是一个人的基本存在之道。

ID 反思后，如何行呢？

童 知与行其实很不一样，你可能知道很多事情，但是要将其转化为一件具体操作的事情，这中间就存在很大的鸿沟。如何填补这道鸿沟，我一直都有自己的信仰。我觉得应该从两方面去做：一方面是不断学习，有一些东西必须反反复复地去进行阅读，许多原来可能如同天书一般的事理会在这一过程中得到理解，哪怕需要花上几年的时间。有些书看一遍和看二十遍是完全不同的，就如罗西的《城市建筑》，每次我读它都会感觉不一样。一些明白无误印在白纸上的词语，在每次重复阅读时，所传达的意思非常不一样。

另外，某些观点尽管可以理解，但如何将它表达出来其实也是非常难的，你在混沌的意识中好像是懂了，将一个一个字精准陈述出来，有时找到合适的汉语也是非常难的，这个时候，你就要不断地用各种方式去重新排列组合，去寻找，然后还要确认这种意义是否在你的表述中成立。

这不仅是我在写文章时的一种体会，而且也是建筑设计过程中的一种体会，我是等而视之的，就是你在思考一个建筑的问题时，哪怕它是个再简单的案例，也会有很多要求和思考，实际上你开始也没有看透，但经过很多反反复复的琢磨后，才成为最终的结果，这个过程实际上是没有终点的。

1-3 杭州中山中路改造
4 威尼斯建筑双年展中国馆参展作品

身份与视域

ID 案头有哪些书？

童 最近看得比较多的是彼得·埃森曼的著作，这也是从写王澍那篇文章开始延展出来的。埃森曼的书以前也一直在看，但他的文字比较晦涩，很难一眼就能看透。王澍以前对埃森曼文章研读得也比较多，透过王澍的文字，回过来再看埃森曼的文章就会有更多一层的理解、更多的思考。我的许多事情都是这样信马由缰的，有时候被偶然因素触动了一下，就会不自觉地往下去了。我的建筑设计也是这样的，事情往往是跟着兴趣走的，只要觉得有意思就行了。

ID 近期在准备些什么文章呢？

童 有两篇长文一直没有完成，已经成了一块心病。一篇从2009年就已经开始，但始终未能真正写完。那是一篇有关建筑与身体的文章，可能是有点太紧张了，一直觉得这是一个比较深刻的话题。简单而言，我们经常更多地会把许多思想操作都归于逻辑层面，在理智的状态中讨论事物的构造成形。但是事实上，来自身体层面的因素也很重要。我们往往忽略了这一点，只是简单地将之归结为某种天然的感觉。梅洛·庞蒂针对现象学的逻辑研究的反思对我触动很大，认为身体既有感性的一面，但它的本能也是理性的，这些东西决定很多日常行为。

我想，这和当前许多建筑理论话题是密切相关的。如果详细辨析，我们在很多问题的讨论中都是有些精神分裂的。一方面我们会在建筑设计中非常强调逻辑结构的重要性，就是一个设计方案必须是从一推到二，从二推到三的，只有这样，我们才会对这种方案心满意足。无论是功能主义还是形式主义，所强调的都是理智方面的可理解程度，最终，计算机模拟应该是一个不错的结果。但是事情没这么简单，如果一个设计完全归结为寻找某个合理的藉口，某种公式的推导，我们也会纠结。于是这就会导向另外一方面的价值标准，它来自于身体方面的感应，这是一个更加真实的领域，例如材料的质感、光线的强弱，甚至声音、气味，都有可能成为建筑现象的呈现。而当这些层面的话题交织在一起时，就会导致我们当前建筑理论方面的混乱状态，五花八门。你不能说这是一种无知的状态，而是太有知了之后所导致的不清楚的状态。我是想通过身体与建筑这个话题，把线索能够梳理得更加透彻。但问题就是在这里，总是觉得仍然会有很多因素没有思考完善，于是总是就差这么一口气，尽管文章已经写了很长，但总是没有整理成形，一旦看到某个新的观点，不自觉地又受到刺激，想把它包容进去。

另外一篇就是葛明想让我写的关于园林设计的文章，我已经把它当成一件正经事情在思考，因为它触动了我。谈到园林，目前我们所能接触稍好的文章大多都是考古类的，或者是文献综述式，一谈到如何操作，总是有一种隔靴搔痒的感觉。真正坐下来，分析一下一座园林是如何做成的，也就是从建筑师的角度去观察造园的过程，这是一个很少有人涉及的话题。我一直在琢磨这个问题，虽然园林方面的基础比较弱，却有兴趣去做这件事情，花时间沉浸思考一下园林对于我们现实操作层面上的意义。

ID 城市规划这块呢？有什么正在做的课题？

童 今年在教学方面正在参加六所院校的联合毕业设计，题目选在北京宋庄。这是一个非常有意思的题目，因为最近大家都在谈论文化产业的话题，但总是令人感到有些虚无缥缈，对于细节问题看不清楚。就如宋庄作为当今最有影响力的艺术集聚区，它究竟是怎样形成的，里面究竟在发生着什么，它与空间是否有一定的关系？我们想好好对此反思一下，反思它的演变历程、机缘关系、空间表达和运作机理等等，尽量今年把这个题目完成。其实，这类题目已经有很多人都在做了，但我总想做一些不是循规蹈矩的东西，总想应对某种现实状况，这也是当前城市发展的新状况。目前中国已经高度城市化，像上海这样的城市几乎已经没有可以用于扩张的地盘了，于是，城市内部就变成很重要的关注对象，这种状态并不是理想状态，而如何看待这些问题，如何顺着这种方式在城市中寻找某种潜在的结构关系，这就是我所习惯的思维方式，也就是在一堆杂乱的系统中识别它的秩序和结构。

ID 建筑作品方面呢？

童 刚竣工的有四川北路中共四大纪念馆。纪念馆的选址难度很高，是需要将公园地下车库里的几个关闭停用的商业用房改造成纪念馆。在这样一种政治性极强的项目中，建筑师只是一个非常不重要的配角，展览内容以及空间布局都是由党政系统进行指挥的。不过我们仍然力图在这样的项目中履行建筑师的职能。

因为纪念馆的位置深处公园的内部，我们就试图将它与公园的空间环境呼应，也就是说，纪念馆并不局限在那几个半地下的展厅中，整个公园会因此具有一定的历史含义；而另一方面，由于公园是日常生活汇聚地，我们也希望这类往常较为封闭的展览空间也能够更加与城市环境发生关联，因为它本身就是在城市环境中自然发生的。尽管整个项目的现场结果很难达到预期，许多细节也没有办法控制到位，但是我觉得这个项目的思考还是非常有意思的，因为它涉及到城市的记忆，涉及到日常生活，涉及到权利话语，它并非一种封闭性的项目，也不是仿古话题建筑，我是希望它能够更加映衬当前的城市现实。

另外我们在嘉定老城区还有一个韩天衡美术馆的项目在弄；远香湖地区有一块边角地，它原先是一个原始村落的片段，我们想把它转化成为一个街角公园，在一片完全新造的新城环境中保留一段历史记忆，但目前有些不了了之。最近我们在开始接手虹口区四川北路的甜爱路的话题，这也会是一个意味深长的话题，因为随着新型商业模式的蔓延，上海这些传统的城市街道都在衰退，而甜爱路这个天然的 logo 却在城市空间中缺乏呼应。如何通过某种方式使以这个名字出名的街区发挥作用，提升地区的活力……这种类型的事情是我比较感兴趣的。

总体状况就是这样，我们的项目很多都是一种机缘巧合，不过，我总是希望在一些寻常的、遭受忽视的地方去发现有意思的因素，并向其靠拢。虽然很多事情都会半途夭折，但也会有一些幸存下来，这就是一种生活状态。每天都会有新的触及，有些流过了，有的留下了…… END

上海衡山路十二号豪华精选酒店

TWELVE AT HENGSHAN, A LUXURY COLLECTION HOTEL, SHANGHAI

撰　文 | 御汶
摄　影 | 傅兴、赖旭东、孙华锋

地　点	上海市衡山路12号
建筑规模	51094m²
建筑设计	马里奥・博塔
室内设计	乔治・雅布、格里恩・普歇尔伯格
中方合作设计	李瑶
设计时间	2008年10月
竣工时间	2012年12月

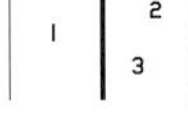

1–3 酒店位于衡山路历史风貌区

上海衡山路十二号豪华精选酒店坐落于上海最浪漫并久负盛名街区之一的衡山路，这座具有强烈建筑风格的作品很容易就吸引人的目光。这就是瑞士著名建筑师马里奥·博塔在上海的最新作品。与博塔其他的作品一样，这件作品予人的印象是大胆而简单的基本几何体的运用。

马里奥·博塔是瑞士著名建筑师，在卢加诺学徒一段时间后，被意大利的米兰艺术学院录取，之后在威尼斯大学建筑研究院进行研究工作。曾经师从卡洛·斯卡帕、勒·柯布西耶、路易斯·康等建筑巨匠。博塔至今已执业五十余年，设计建筑和工业项目共 71 项，作品遍布世界各地，成为瑞士提挈诺学派的代表人物。

业内人士很容易就一眼辨认出衡山路十二号明显的博塔标志——由 2 万多块意大利进口红色陶板组成的几何外立面，这样的手法更加强化了形体的几何感，而这亦已成为博塔建筑的标签，并成为博塔塑造平和的建筑气氛的有力手段。土红色是提契诺地区传统建筑材料砖墙的颜色。他的经典之作旧金山现代艺术博物馆、兰希拉一号楼等建筑都是采用土红色的砖土材质。博塔认为，砖土是最原始，也是最便宜的建筑材料，而且在世界上各个地方都可以找到这样的材料，并且随着时间的推移，这种材质也可以保存得相对完好。同时，使用土红色的陶砖也是尊重衡山路、复兴路历史风貌区的历史文脉，考虑了建筑与衡山路周围的建筑色彩和材质的和谐。但与隔壁的衡山路十号以及乌鲁木齐路口的国际礼拜堂不同的是，博塔的建筑语言又非常现代，令整座建筑显得简洁而有力。

博塔的历史意识不仅限于对历史建筑范例的研究和“借用”，更是把它提到方法论的自觉，甚至将其视作碎片化的现代城市的救赎的机会。他对环境也具有极强的洞察力，建筑作品常根据不同环境条件而展现不同优势。“每一项作品都有它对应的环境，在设计时，其关键就是考虑建筑所辖的领地”。这也正是来源于博塔对于建筑环境学的理想表达，项目的设计概念正是延续了区域的故事。作为衡山路自然环境最主要的特征，郁郁葱葱的林荫大道成为了衡山路独特的视觉印象。博塔则以此为依据，创造出了一个绿色的中庭，这样既塑造了客房区的景观要素，也将衡山路的绿色视觉延伸入了项目内部。这个中庭为圆弧形，中空的内部空间打造出了酒店的景观花园区域，平衡了建筑体量和高度之间的关系。从客房可观赏酒店内的花园景观，也可以在景观中自由穿行和休憩，都让在酒店里看风景成为可能。

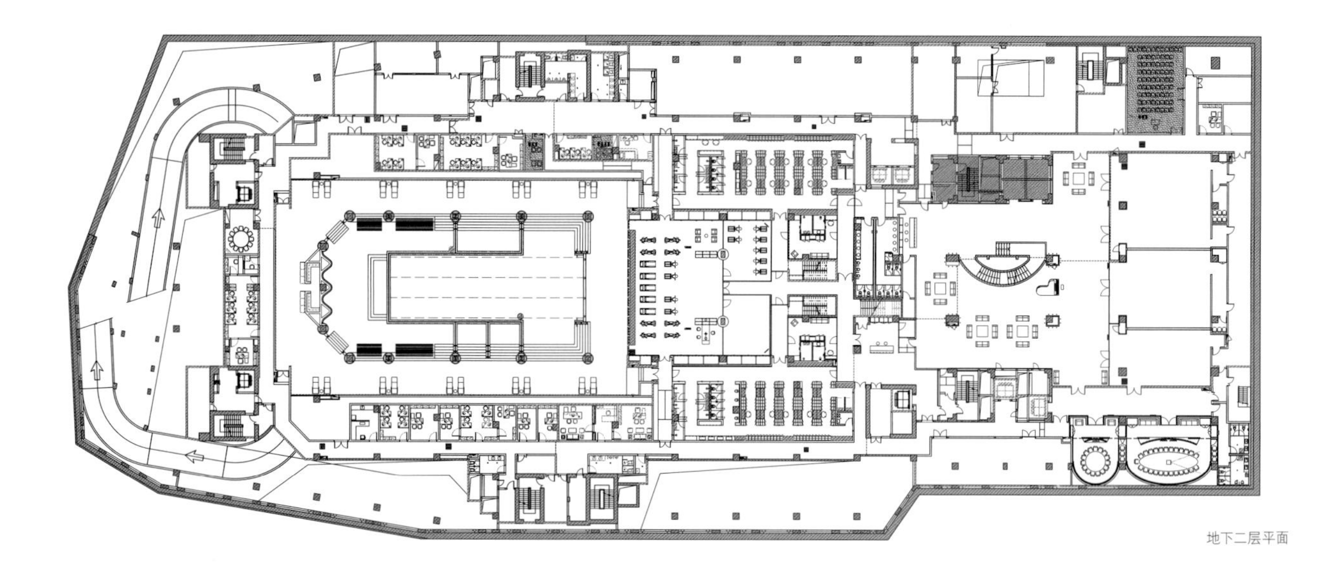

地下二层平面

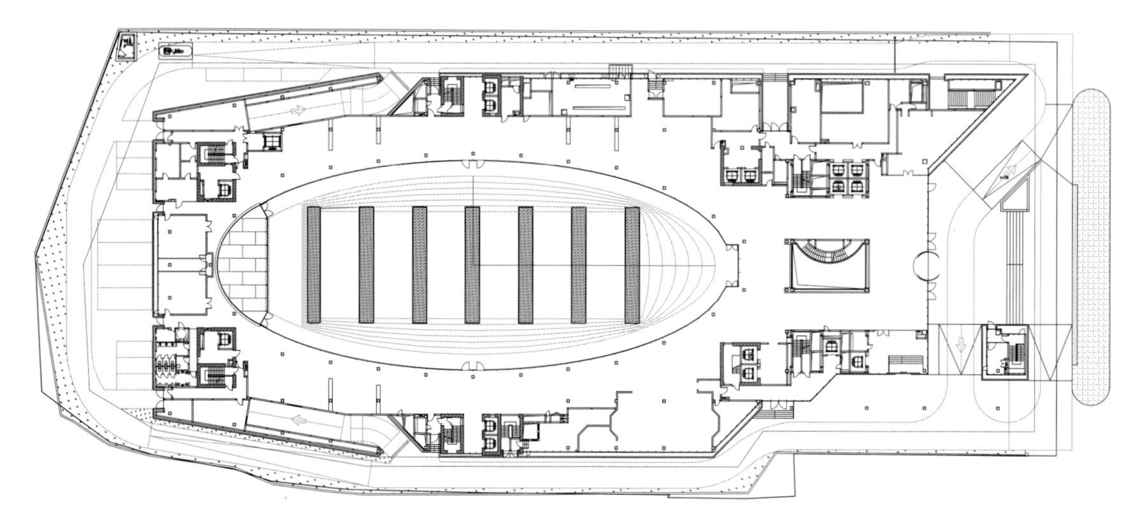

一层平面

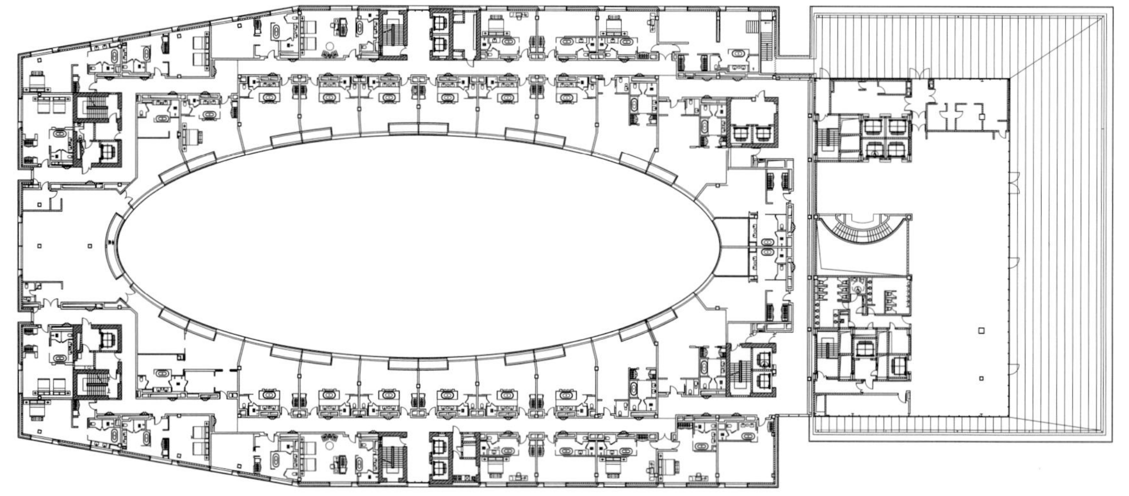

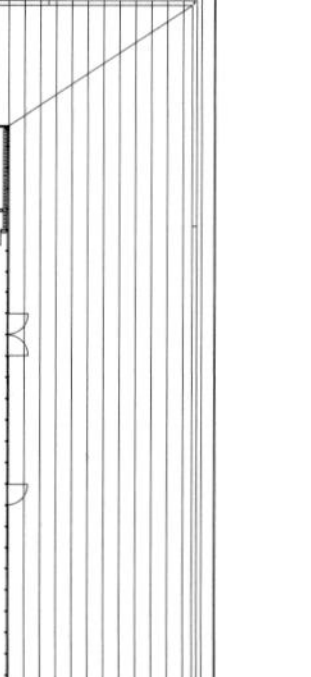

五层平面

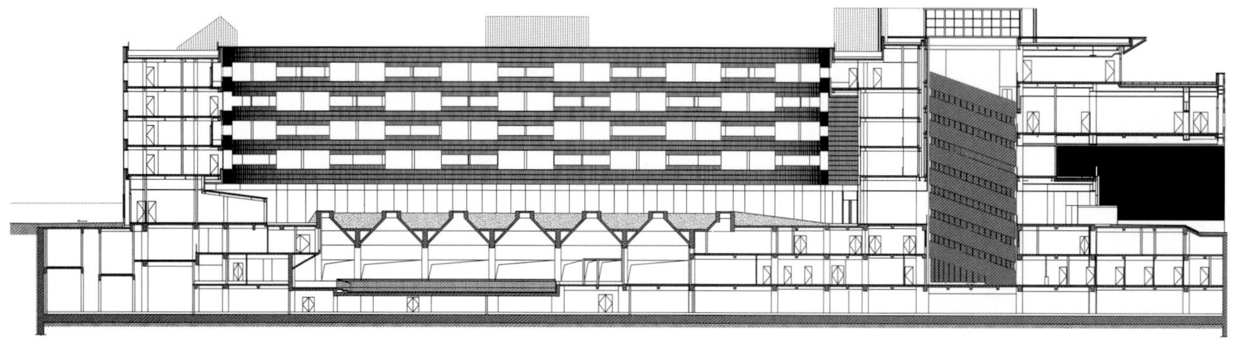

剖面图

1 线图
2-4 建筑外立面的红色陶板是博塔的标志性手法，与周边环境十分融洽

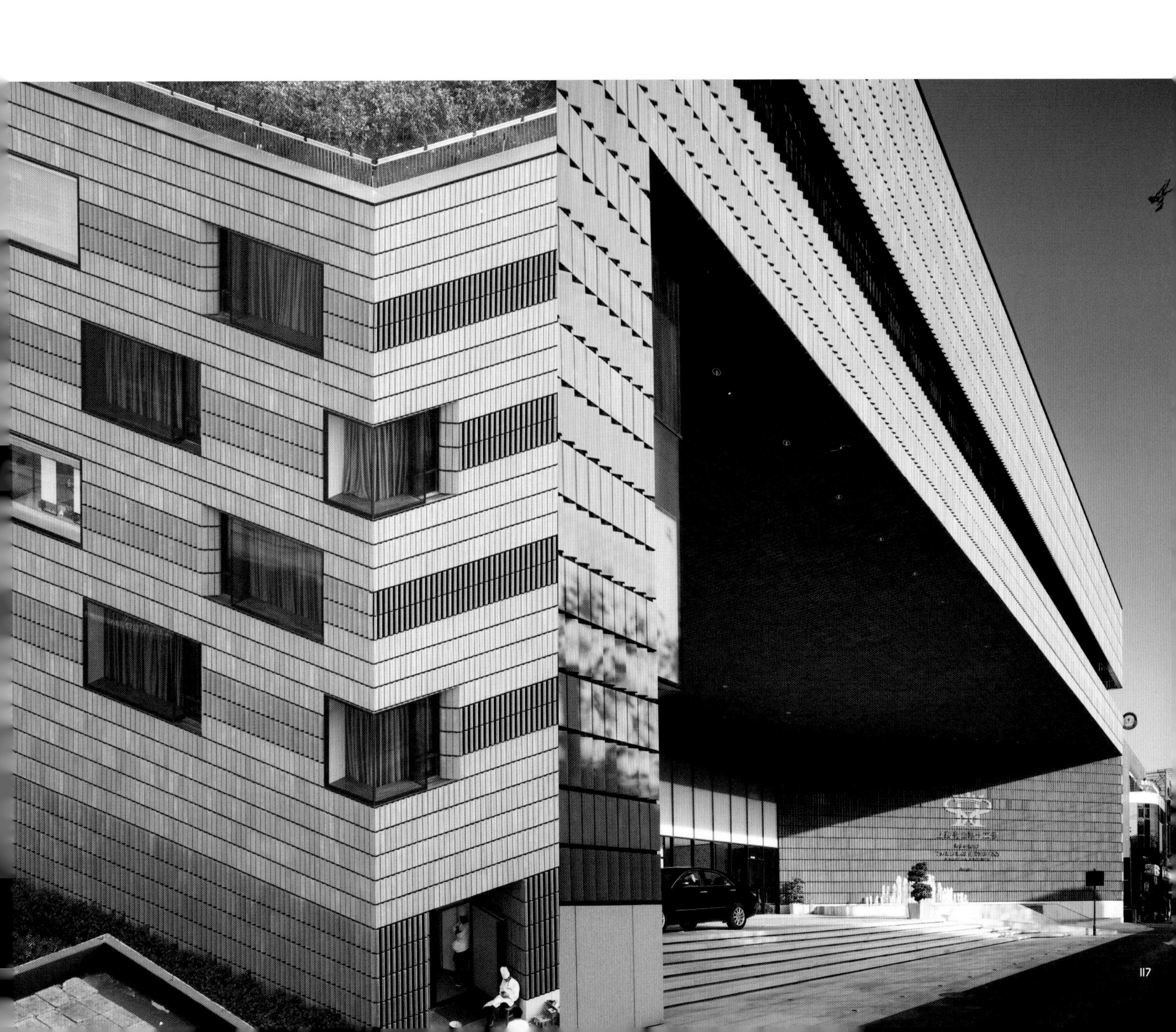

合作者说

李瑶

（上海大小建筑设计事务所有限公司 主持建筑师）：

这个项目是一个全面而有趣的设计过程，在瑞士大师马里奥·博塔的概念方案确定后，我和团队被选为中方项目建筑师来全方位进行设计深化和把控，包括在室内设计师等选择中，我们均加以推荐，和配合业主加以选择并完成深化设计。整个项目是以“低调中的奢华”来贯穿设计过程。一般而言，大家约定俗成的对精品酒店的定义都是富丽堂皇的，上海已经有太多像华尔道夫、半岛这样的一线酒店，在城市内部却亟需代表自己城市个性的精品酒店。尽管做出这样的定位是面临一定的压力，整个业主和设计团队仍坚持着从低调中提取语言对话，试图打造出具有上海个性的精品酒店。

从建筑角度而言，整体的表现是非常妥当的。上海的原英租界与原法租界都留有比较明显的欧式公寓概念，它们外部的城市环境都非常喧嚣，为适应城市背景，这种公寓都将风情藏在内部，内庭院就是其所在。衡山路十二号酒店也面临同样的环境，衡山路有着独有的特质却喧哗有加。衡山路给人印象最深的还是梧桐树，如何将梧桐树和衡山路的特质带给到每一名居住者、如何令这座新建筑产生自己的景观特征成为这个项目的重点。设计给出的概念非常独特，将内庭院作为一个“内核”，并形成一条主线，布局与立体界面都穿插其中。因为有了主线，客房也围绕着内核展开。室外的庭院成为整个空间最大的景观点，另外在建筑前端的公共区中设置了一个内庭，贯穿了整个建筑的内部空间。从空间角度来说，这样的构成体现了博塔对空间的演绎，而陶砖的材质同样和整个衡山路的大背景极为搭调。从建筑设计的条件性角度而言，有更大的约束力才能够做出更贴切的建筑作品，作为风貌保护区，有着严格的 24m 高度限制，同时在衡山路侧还要控制在 20m 高度，这就限制了建筑的高度，也由此演绎出更具区域色彩的空间。

沿衡山路立面设计比较公建化是本项目较受争议的地方，但当步入其间就立刻能体会到酒店的内部空间和光线所带来的温馨。在选择室内设计公司时，也进行了多轮选择，最后挑选雅布也是因为他们一贯简约的设计风格与酒店的空间比较搭调，且容易产生共鸣。建筑师与室内设计师都希望将同样的风格贯穿始终，即不希望建筑的“内皮”与“外皮”割裂开来，我们力图加以整体性的控制和表达。竣工后的建筑与室内部分虽然有不同氛围，但还是一体化的，基本实现了“低调中的奢华”的设计定位。简约而不简单的处理手法把控得比较顺畅，整个项目有很多独到的细部把控，比如使用的陶板是最新的幕墙表现手法，这种材质不仅表现了立面的质感，同时更多地传达了光影的变化，不同时间与不同角度的阴影丰富了空间。

1 2
3 | 4 5

1-3 SPA 区域引入顶部天光，从天而降的装置与白色楼梯非常协调

4-5 设计师在细部抽象地运用了很多东方元素

业界说

支文军

（同济大学建筑与城市规划学院教授、《时代建筑》杂志主编）：

由博塔先生设计的衡山路十二号精品酒店，我认为其成功之处体现在两方面，一是该设计充分展示了博塔先生长期以来的个人风格，即简练的几何体、精致的砖饰面、奇妙的光和影、刻意的细部处理等；二是该设计又是独一无二地为上海衡山路精心创造的，如典雅的椭圆型内庭院、华贵的地下SPA、独特的屋顶花园，及与衡山路融为一体的外观形态处理等等。所以衡山路十二号精品酒店是博塔先生几十年以来一直在追求的建筑品质和特色的又一次呈现，也是他对自己设计脉络和风格又一次的创造性的延续。当然原方案中的竖向动线设计由于种种原因有所改变，以及专门的酒店室内设计公司的介入使原有的整体性和纯真性有所削弱，也算是一些小遗憾。

孙华锋

（鼎合设计 设计总监）：

我专门去住过一次，总的感觉还是不错的。建筑的整体形式感很好，沿街切面的退让关系也不错，能在这样一个地段用空间去做退让是非常不容易的。整个项目从建筑到室内都延续了设计师以往的风格，运用了很多借景的手法，对东方禅意进行独到阐释，并将中国的传统意向生动地糅合进来。西方设计师在对将东方元素充分符号化这点上非常得心应手，很多艺术装置也非常出彩。

但是住过后，还是会失望。首先，建筑的动线还是有些乱，纵向的交通尚可，但横向交通让使用者非常麻烦，比如从大堂到后面的附属功能的动线就非常复杂，比如我住在B楼，想去顶楼的自助餐厅吃饭，就必须从B楼到1楼，再上到A楼的电梯，才能到达餐厅，而且整个空间的中心——中庭的布局也有点乱；其次，陈设设计与整体空间脱离，给我的感觉像是设计没有做完，完成度也不高，从大堂到客房，再到家具配置都有问题，尤其是客房的搭配非常不统一，比如咖啡酒水柜像是硬搭进去的，客房卫生间淋浴间的把手都几乎是90°金属直角，这样非常容易伤到人，而且整体施工也比较粗糙，没有更好地展现设计师的思想及细节。

赖旭东

（重庆大木年代室内设计有限公司 设计总监）：

设计师并没有使用饱和度很高的颜色，而是大量使用了雅致的灰色调，令整个空间看上去非常大气而国际化。花鸟图案等中国传统文化要素的提炼令东方美学隐约展现，而设计师将一些小的元素无限放大的手法，反而使其形成强大的视觉冲击力。我觉得整座酒店的设计中到处都是雅布的影子，我很喜欢，设计师的室内空间本身已非常丰富，在大面上有很多细微的变化。比如他标志性的铁艺通花架子，客房门口也用了很多树枝编织的装置。另外，雅布很少使用纯粹的墙面，不同的墙面处理也非常独到，比如这面嵌有丝绸花鸟图案的半透明玻璃幕墙。

1 | 2 3 4 5 6

1-3 顶层餐厅
4-6 雅布的标志性设计手法

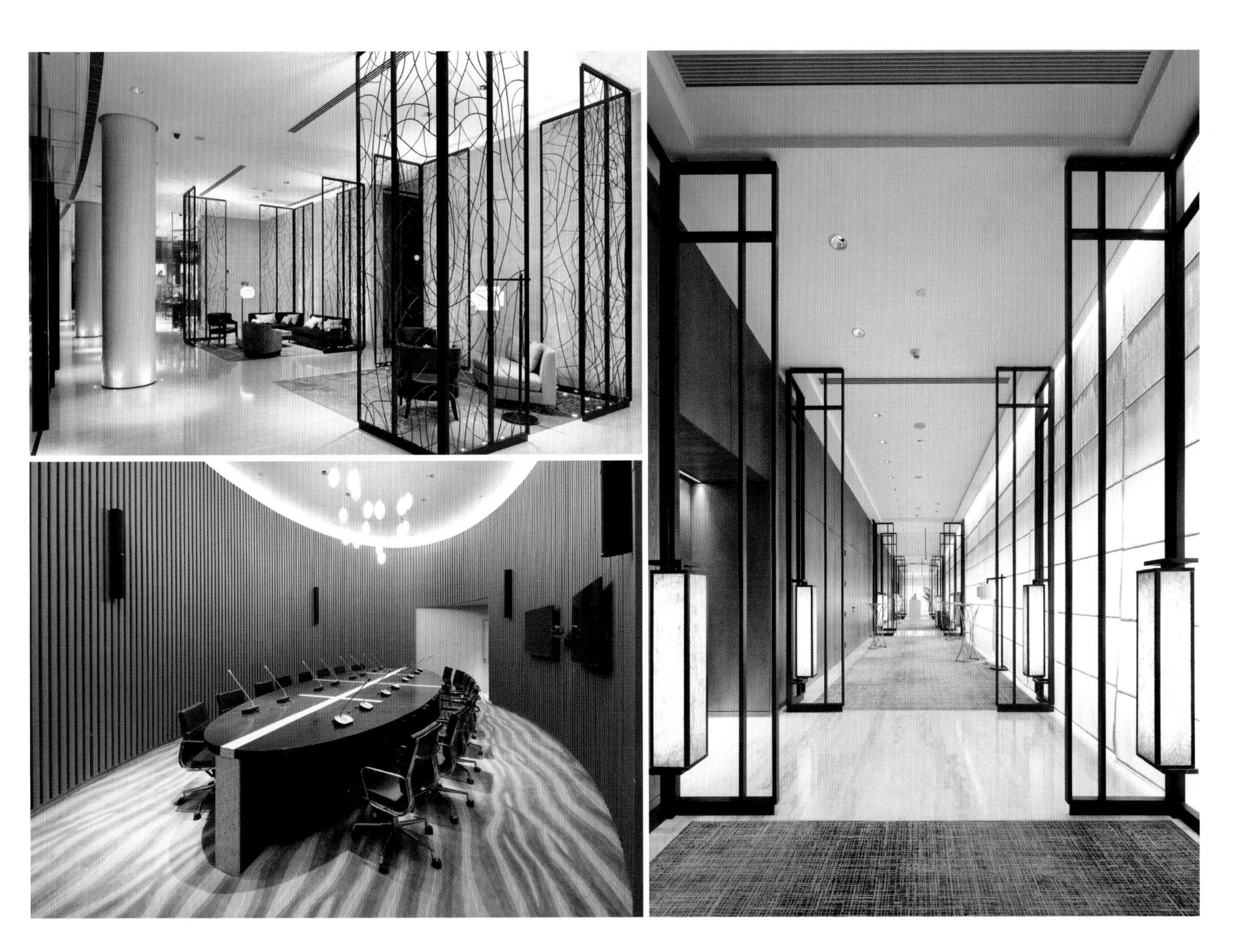

1 2 | 6 7
3 | 8 9
4 | 10 11
5

1-2 客房
3-5 SPA
6-7 套房
8-11 泳池

体验者说

李慧（《室内设计》杂志 编辑）：

建筑师李瑶已经写了数千字阐明与博塔共同完成衡山路十二号酒店的经过，设计概念和意图也说得清晰详尽。那篇文章配着建筑师视角的照片，传递出一种宏大、宁静的氛围，这也是建筑最终给人的真实感受，别有洞天的中央庭院给人们一份闹市探幽的闲适，即使有欠佳的平面布局和平淡的室内设计，也依然消减不了它带来的愉悦体验和美好印象——缺点很明显，优点亦然。走进衡山路十二号酒店，入口处、大堂和以后半部分建筑及庭院为背景的前台过渡完成了从喧嚣到宁静、从繁华到空灵的转换。建筑前半部分是集中的公共区域，螺旋楼梯贯穿地上和地下，地下连接着 SPA、健身和泳池，但是不得不说这一部分平面很凌乱。围绕庭院的 U 型建筑是客房，如此规划一是参照周边花园洋房的理念，其次给予入住客人更多私密性，因为酒店主打都市度假概念，客房也只有 171 间，再加套房和总统套，密度很低。客房走廊沿 U 型建筑排开，冗长枯燥，粉墨花朵的装饰缓解了它的压抑感。Yabu Pushelberg 设计了一系列家具饰品，定制的现代中式家具色泽天然柔和，手绘屏风、丝质灯具、贝母凳子等带来东方韵味。但是除了精致浴室、卧区外，其他内容却很随意，书桌、立柜等摆放散漫，尺寸和比例也极不妥当，游离在整体之外。收纳在立柜中的迷你吧没有任何照明，造成不便。酒店最大的亮点还是中庭的花园，四株价值不菲的青冈栎压镇，其他各种植物错落有致。总体而言，酒店确有独到之处，令人叹赏、回味。但是不完整的部分也让人遗憾。

Vivian（酒店公关）：

这和其他城市酒店的定位非常不同，一般而言，城市酒店都是定位商务型，而这里的则是打造“都市度假村”的概念。最吸引我的地方就是中庭花园，非常有震撼力。整座建筑的外立面使用了很有特色的红砖，这与衡山路上的洋房非常契合，而酒店内部的色调非常淡雅却很有档次，有种“低调的奢华”的感觉。中庭一圈吸引了许多世界顶级品牌的零售店也为酒店添色。总而言之，这家酒店感觉与其它五星级酒店不同，是另外一种风味。

Low（客人）：

我非常喜欢这家酒店的位置，衡山路有着老上海的感觉，而且酒店隐于这片区域中也非常得体，不张扬。我最喜欢的是中庭的那一大片花园，不仅让我在一进入酒店后就眼前一亮，同时，我在房间内看出去的这道风景也令我有度假的感觉。酒店的 SPA 区域非常棒，入口有个从天而降的装置非常漂亮。END

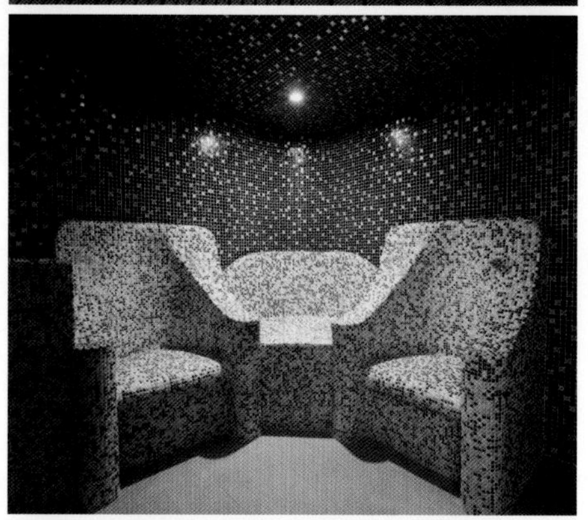

上海瑞金洲际酒店
INTERCONTINENTAL SHANGHAI RUIJIN

撰　　文 | Vivian Xu
摄　　影 | Vicco Wu
资料提供 | 上海瑞金洲际酒店

地　　点 | 上海市瑞金二路118号
竣工时间 | 2012年

1 室内富于浓郁的老上海风情
2-3 外观

这里是瑞金宾馆。像上海的许多老宾馆一样，在1920年代初时，瑞金宾馆是原法租界内几处私人别墅花园之一；最初的主人是英商马立斯家族，在旧时的上海滩与沙逊、哈同等富商齐名，1924年，命名为“马立斯花园”，也由此私人别墅为开端，最终成就了今天的瑞金宾馆。如今，上海瑞金洲际酒店在这里开门迎客，成为洲际酒店及度假村集团在大中华地区首家经典文化遗产酒店。

上海瑞金洲际酒店背后有着一长串的故事。早在1916年，时任上海跑马总会总董兼英文时报《字林西报》董事的英国富商亨利·马立斯购置了这片当时已是城中热土的庄园。半个多世纪后的1979年，围墙高耸的瑞金宾馆逐渐成为接待党和国家领导人的宝地。早年，毛泽东主席，周恩来总理等历届国家领导人及包括美国前总统尼克松在内的多国政要都曾下榻于此。1927年，蒋介石与宋美龄也曾在酒店前身瑞金宾馆的卧茵楼举办隆重的订婚仪式，成就了一段传颂近一个世纪的佳话。追溯这座酒店丰沛的历史瑰宝，您更能发掘到与上海城区之“根”息息相关的淡井庙原址。这座始建于宋代的寺庙庙址正是在上海瑞金洲际酒店花园内的南部。

如今历经多年精细修建，在原有的四栋经典别墅之外，酒店另全新建造了主楼与洲际贵宾楼。闹中取静的葱郁花园环抱整座酒店，恍然世外的美景就在您呼吸吐纳间翩然展开。

上海瑞金洲际酒店现揭幕178间舒适典雅的客房，分布在风格迥异的洲际贵宾楼与主楼中。大理石样式地坪、方格顶棚、精致硬木画板等设计细节无不令洲际贵宾楼重现了1930年代时期老上海的雍容华贵。酒店大堂深处的大幅定制壁画描绘着20世纪早期的上海城街景。沿着洲际贵宾楼大堂踱步入内，一间彰显浓郁老上海风情的电影图书馆展现眼前。复古壁炉前陈列的影视剧照诉说着古往今来曾在酒店中取景拍摄的40余部影视佳作。您也可以在这座风格鲜明的图书馆或会客或休憩。一旁的行政酒廊则能提供品种繁多的早餐、下午茶及鸡尾酒选择。

贵宾楼80间崭新舒适的高品质客房，其中包括10间西洋风格套房，36间带有阳台或露台的客房，让人览尽园中茵郁花木与湛蓝喷泉。房内选用色调深沉的紫檀木，精致水晶吊灯透射缕缕柔光。浴室采用了美观方便的双台盆设计。

主楼在设计上完美糅合了老上海的摩登风情与清冽简约的当代艺术设计之风。挑高9层楼的椭圆形开阔中庭悬挂着两座各重1.5吨的巨型水晶吊灯，如此恢弘壮丽的大堂设计令人过目难忘。客房采光明亮，鸽蓝色的主色调佐以上海当地艺术家居风格呈现出庭院式的浪漫风情。

具有百年历史的别墅群将在2013年分阶段开放。诸多别具风格的客房始终保留着百年来的原始面貌，并将以曾在此下榻过的名人为主题向宾客开放入住。另一栋占地900m^{2}的3层总统楼则会成为上海城中最具Art-Deco风的酒店建筑。END

5

1 2 | 4
3 | 5 6

1-2 户外草坪
3 外观
4 教堂
5-6 客房

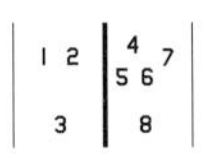

1 吊灯细部
2 贵宾楼接待处
3-4 贵宾楼餐厅
5-6 细部
7 泳池
8 图书馆主题 Lounge

1	2 3 4

1-2 主楼大厅
3-4 套房

那宅酒店
NAZA HOTEL

撰　文 | 可畅
摄　影 | 许晓东、曹有涛

地　点 | 厦门市鼓浪屿安海路38号
建筑改造 | 那宅工作室
室内设计 | 宽品设计顾问
景观设计 | 西缇景观设计
平面设计 | 那宅工作室

1　室内空间用色纯净
2　外观仿佛一颗白色钻石
3　室内摆设也都颇费心思

那宅的前身是20世纪初颇具传奇色彩的缅甸米业大亨、侨商曾上苑（厦门早期三大旅社之大千旅社的创办人）的旧居，据说在岛上的物业，能与林家分半壁江山。在每一栋洋楼都有其身家背景的鼓浪屿，它倍受关注或许并不是因为其属富商私宅，而是其建筑立面所采用的钻石切面设计．这种多面体的构造跟周边多数南洋或欧陆建筑风格大异其趣，故在当时有“钻石楼”之称。并且钻石楼最初的颜色是纯白色，在鼓浪屿典型的红砖厝中显得相当突出，也正是因为这种“突出”，台海战争时期，为了避免成为敌方轰炸的目标，白楼还被陆续刷成了多种颜色。之后的几十年中，再也没有恢复其真身，并因年迈失修日渐处于废弃状态。一直到那宅的进驻，钻石楼得以重现其本来面目。在修复时，设计师把钻石的多棱面元素用到了方方面面。

改造的首要任务则是还原其最初面貌，不过，设计师采取的并不是完全“修旧如旧”的准则，而是在完全恢复其外貌的基础上，给百年老建筑换上了新的心脏。这项改造工程异常浩大，由于建筑原先是砖木结构，不少地方已经完全破败。因为长期无人居住，二楼的木质楼板梁架已经腐烂严重，局部甚至坍塌，设计师通过重新布筋、支模，浇筑混凝土，一步步将当年主人的舒适生活，用现代的方式找寻回来。

酒店的公共区域非常多，一楼是个挑高的西餐厅，用餐区域以层层白色帷幔隔开，小憩的角落也像工笔画一样谨慎着墨；餐厅外的院子颇高，种满了各类果树，虽身处繁忙的安海路，却也不容易被打扰。

那宅一共两层，据设计师介绍，改造前的木质楼梯狭窄阴暗，转弯处高度不足1.7m，设计师将该楼梯去除重来，并把楼梯改为直跑，从屋顶引入天光，照射进来的自然光为整个空间增加了明亮感，晚上则有将星空引入室内的感觉。而天光下，那些用玻璃镶拼的精致图案则令人愈发爱不释手。

由于老房子的不规则造型，那宅并不能规划成整齐划一的现代化标房，但这又赋予了那宅更多的神秘感。你不禁想推开更多的门，结果却发现每间里都不一样，连门牌的写法也不一样。不过，所有房间的色调都极为静雅，通体都是简单的黑白灰，连家具的配置也简单利落，开阔的空间令人到了房间后就放松了下来。被设计师打开的顶棚也成为这个空间的亮点。END

1 2	4 5
3	6 7

1-2 吧台
3-5 室内餐厅用白色帷帐将其隔开
6-7 户外庭院

123	6 7
4 5	8

1-4 设计师将顶棚打开，引入天光
5-8 客房

Manish 阿拉伯餐厅

MANISH RESTAURANT

撰文	银时
摄影	regnolato and Kusuki Photo Studio
资料提供	ODVO建筑师事务所

地点	巴西圣保罗
面积	300m²
设计	ODVO and mínima
设计师	Omar Dalank, Victor Oliveira Castro and Carol Kaphan
照明设计	ACENDA
壁画	Marcus Dan
表皮设计	Estúdio Plana
景观设计	Mera Landscape Architecture
设计时间	2010年9月
竣工时间	2011年5月

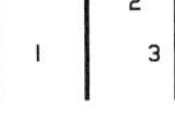

1 含蓄的阿拉伯风情
2 面向大道的格栅立面将餐厅遮蔽起来，但另一侧的露台又向一条繁华的小街和植被敞开，从而融入街景中
3 草图

由 ODVO 事务所设计的 Manish 阿拉伯餐厅位于巴西圣保罗的一片繁华区域内。这座带有天井、露台的平房是典型的地中海建筑，它沐浴在树木枝叶筛下来的阳光里，阿拉伯式的遮阳格栅（muxarabi）表皮将街道的繁喧隔离在外，又不会因完全封闭而屏蔽掉街景。用餐者可以在相对私密而又不失去与城市、街道联系的环境中进餐，而格栅投下的缤纷窗影，则渲染出淡淡的阿拉伯风情。

虽然这是一家阿拉伯餐厅，但设计师在对阿拉伯主题的诠释上采用的是比较含蓄的手法。毕竟，阿拉伯的宗教文化并非普世性的，如果太过强调，可能对抱有其他宗教或文化背景的食客而言会带来压力。设计师将阿拉伯风情以更为现代化的建筑语言呈现出来，而在空间氛围上，更注重营造令人愉悦、开怀畅谈的气氛，令此地成为一个适宜宴饮聚会的场所。

在平面布局上，设计师也试图以最合理的方式组织不同功能和形式的空间，将天井、露台、餐饮区、等候区根据具体环境加以扩展和减少，配置在整个餐厅空间里。虽然面向车水马龙的 Horacio Lafer 大道的格栅立面以保护性的姿态将餐厅遮蔽起来，但在另一侧，餐厅的露台又完全向一条狭窄繁华的小街和街边植被敞开，从而融入街景中，表现出一种对城市环境亲和的态度。

源自阿拉伯传统建筑形式的格栅是整个设计的灵感来源，也是贯穿内外的基本元素。设计师受到建于 1965 年、由 Howard Ashley，Hisham Al Bakri，Baharuddin Kassim 三位建筑师设计的著名现代建筑马来西亚吉隆坡国家清真寺启发，对这些传统元素在当代语境下的应用作出了富有新意的诠释。

格栅在阿拉伯传统建筑中的普遍应用是由该地区的地理环境和气候特点所决定的。阿拉伯地区炎热干燥，多风沙，夏季气候条件最为严酷，而冬季通常较为舒适。因此，该地区建筑物和街道设计应以确保城镇建筑环境夏季的热舒适性为最高目标，遮阳通风是首要需求。为了减少热辐射和阳光对室内的负面影响，沟通室内外的视线而不失私密性，当地常采用带遮阳的格栅窗、外格栅和百叶窗等类型。具有遮阳的栅格窗是阿拉伯东部地域建筑所独具的建筑要素，当然其纹理的设定则还有宗教因素、社会因素以及建筑材料因素等原因。此外，百叶窗和具有外遮阳功能的窗外格栅在建筑造型上，也会增加建筑细部与装饰效果。就本项目而言也是如此，优美的格栅立面不仅丰富了街道景观，成为城市环境中独具特色的公共艺术；也同样适用于巴西的气候条件，在功能上非常实用。

格栅的主题在室内得到进一步延伸——整面墙的壁画是设计的又一个亮点，它既是向阿拉伯传统的挂毯致敬，其纹样也是对格栅框架肌理的解构。这又是一个对阿拉伯文化的当代应用。由此，室内外的设计风格呈现出一致性，并且明确、优雅而不会过于形式化和高调地表达出阿拉伯的气质风格。END

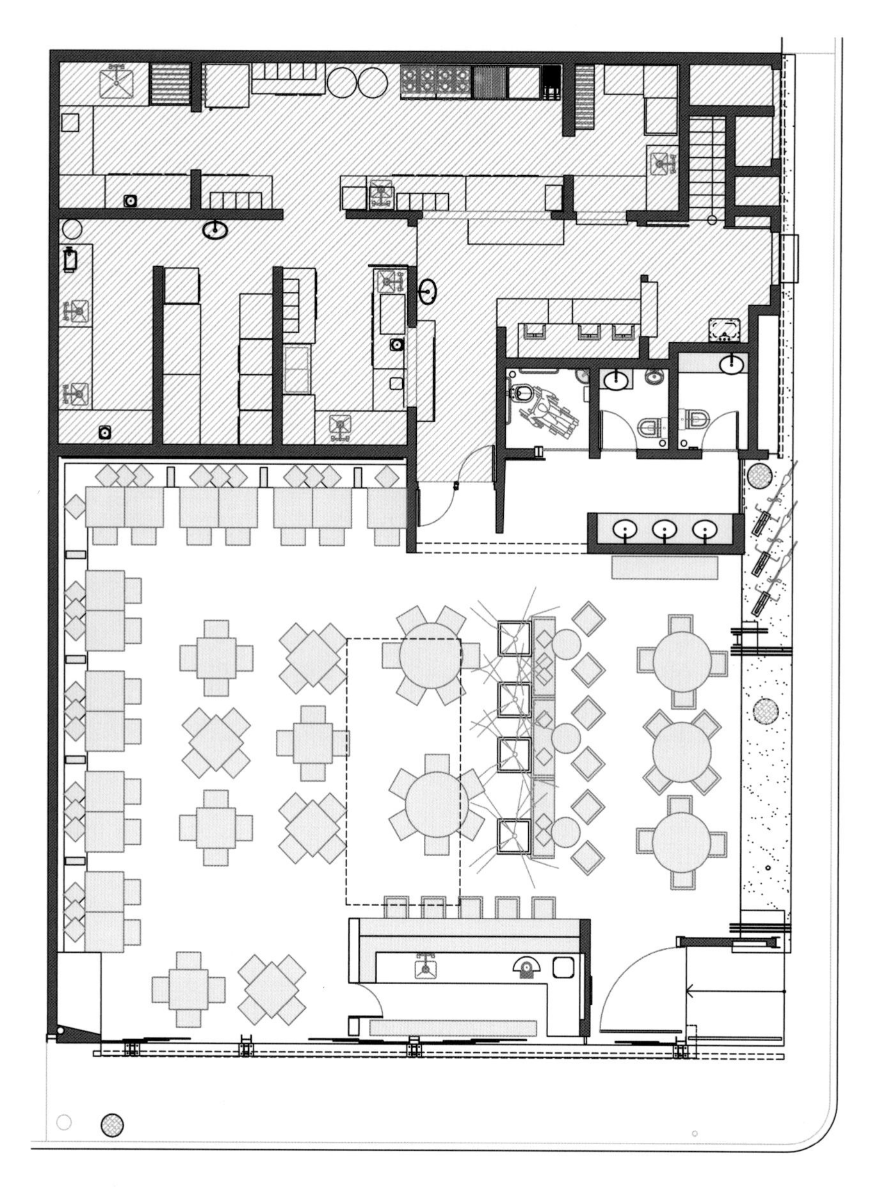

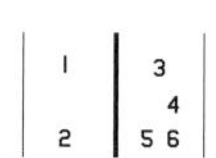

1 平面图
2 天井和绿植为室内带来庭院的感觉
3 整面墙的壁画向阿拉伯传统的挂毯致敬，其纹样也是对格栅框架肌理的解构
4 剖面图
5 从入口处看向餐厅内部
6 洗手间

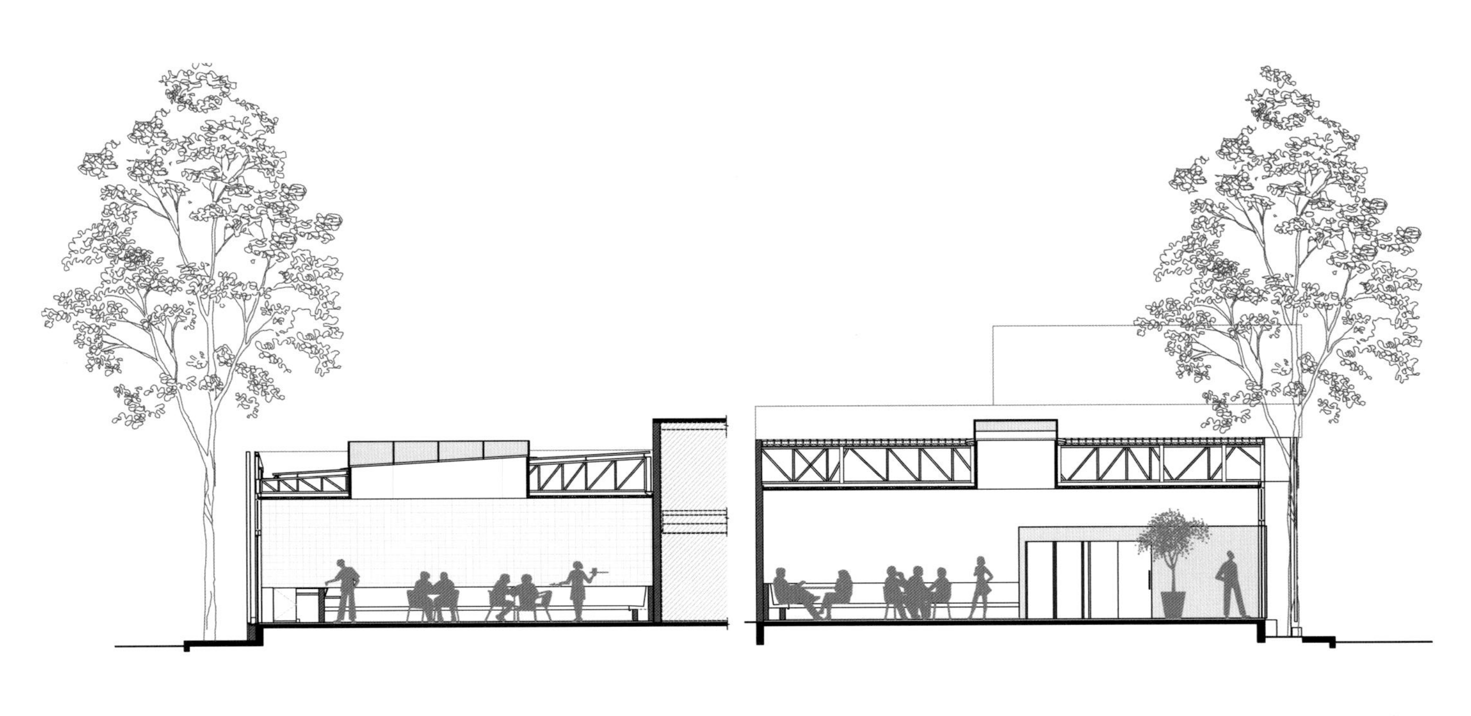

Cross 咖啡馆
CAFE CROSS

撰　文 | 银时
摄　影 | Kei Nakajima

地　点 | 日本兵库县
基地面积 | 486.16m^2
建筑面积 | 121.45m^2
设　计 | FORM/Kouichi Kimura Architects
建造时间 | 2012年

Cross咖啡馆栖身于兵库县城郊的一个住宅区内，由著名设计师木村浩一（Kouichi Kimura）主持设计。

咖啡馆的外形非常别致及醒目。富于动感的坡屋顶，自仿佛独立于建筑的竖直墙板流畅地倾斜而下，在一片造型板正的住宅中格外引人注意，让人过目难忘。简洁而具肃穆感的造型，看上去更像一座小教堂，这也让整个建筑更具个性和标识性。如果约没来过这里的人来此喝咖啡，只要告诉对方是一个有着斜屋顶、样子像教堂般的白色房子，应该就不会找错地方吧。

进入室内，空间面积并不大。当然，这对于已经习惯在"螺蛳壳内做道场"的日本建筑师而言，恰恰正是他们发挥技巧的舞台。木村浩一在这里用"光"来解决问题，这也是他最为人所称道的设计手法之一。斜墙较高位置的大尺度开窗起到了天窗的作用，将自然光慷慨地引入这个小空间内，使白色、灰色为主色调的空间在视觉上呈现出延伸和拓展的效果。

建筑体侧颇具教堂高塔意象的竖直墙板，在室内延伸出一排长条座椅，通过墙上的大窗，与墙板的室外部分产生关联，从而使室内外形成了一种呼应。而墙面上则被喷涂了灰泥，不是整齐划一的涂抹，而是更具动感和随意性的喷绘。由此，墙面成为了画布，灰泥的轨迹在其上形成了一幅抽象艺术作品。

随着时光分秒变换，来自高窗的浮动光线在桌面、地面以及窗对面的白墙上投下微妙变幻的影子，浮光掠影，像一部默片，引人展开漫无边际的想像，进入沉思之境。而从室内看向窗外，也同样是一幅不停变换内容的画卷——天光、浮云、飞鸟……视线的延展不受阻碍，自然之美尽收眼底。人们在这里会不自觉地沉下心绪，在忙碌人生中暂停片刻，让精神和心灵得以休憩。

在整个室内空间中，无论色调、材料、家具、器物，都是尽可能的简洁质朴。设计师认为，真正丰富这个小小的咖啡馆空间的，不会是豪华高端的物料，也不会是新奇炫目的摆设，而是光与影。他希望，这个静谧素朴、却又充满神秘魅力的光影空间，可以不仅在形式上近似教堂，更在实际意义上成为社区中的"治愈之所"。END

1 | 2

1 质朴的室内
2 建筑外观

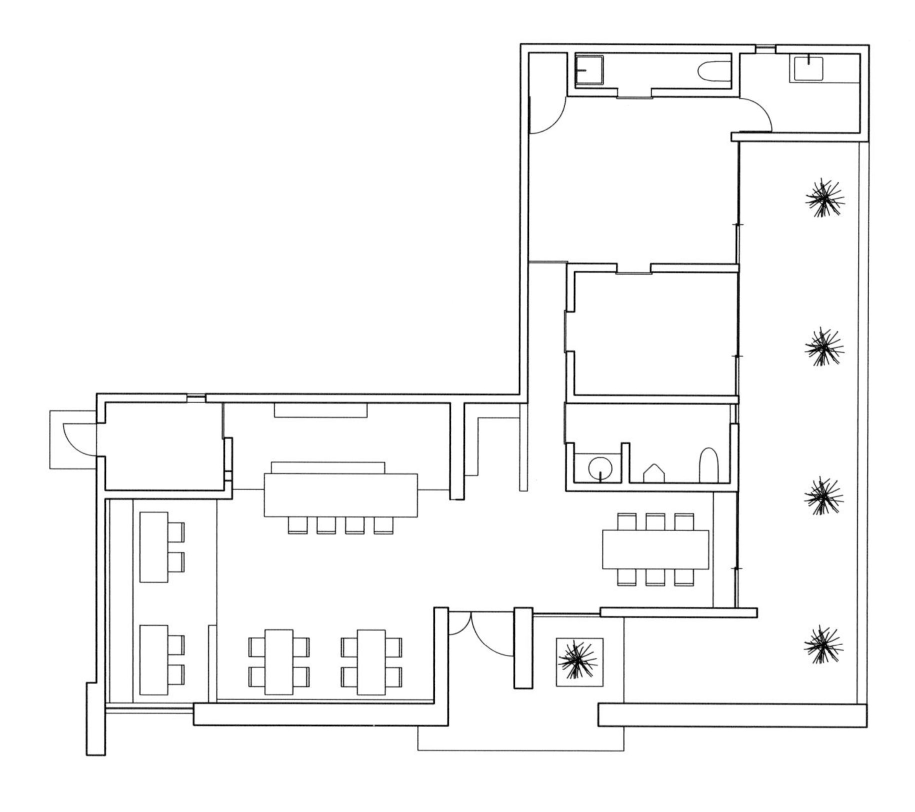

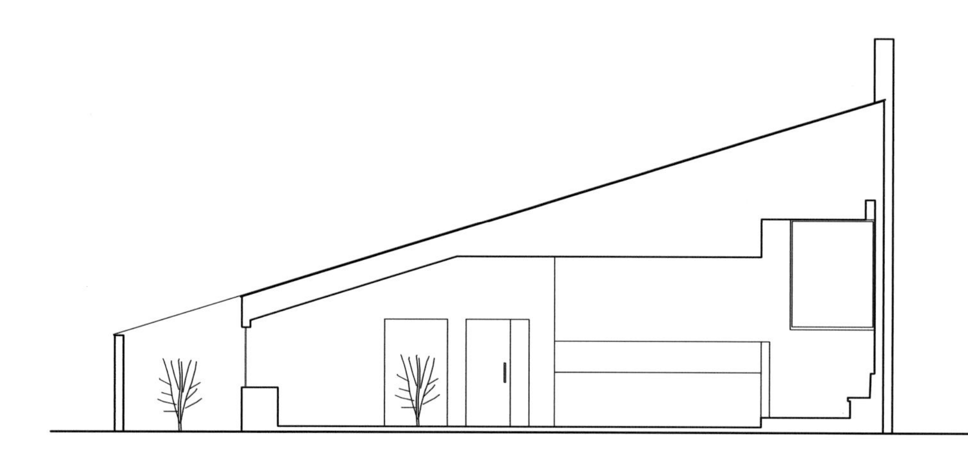

1	5
2	
3 4	6 7

1 平面图
2 剖面图
3 立面局部
4 入口
5 大窗将充分的日照带入室内，并形成了丰富的光影
6 墙上喷涂了灰泥，看上去像一副抽象画
7 简单的材质和色调，渲染出沉静的氛围

绿地重庆海外滩项目体验中心

CHONGQING GREENLAND CLUBHOUSE

资料提供 | 美国PURE建筑师事务所

地　　点 | 中国重庆
建筑面积 | 1100m^2
业　　主 | 上海绿地集团重庆置业有限公司
设计单位 | 美国PURE建筑师事务所
设计主持 | 黄晓江、施国平
驻场建筑师 | 阮晓舟
建筑设计 | Sheldon Pei、阮凌青、石晏蕊、唐亮、张军、张力行
结构工程师 | 上海宝冶集团有限公司
景观设计 | 上海会筑景观设计有限公司
室内设计 | 牧桓建筑+灯光设计顾问
竣工时间 | 2012年9月

1 | 2 3

1-2 外观
3 平面图

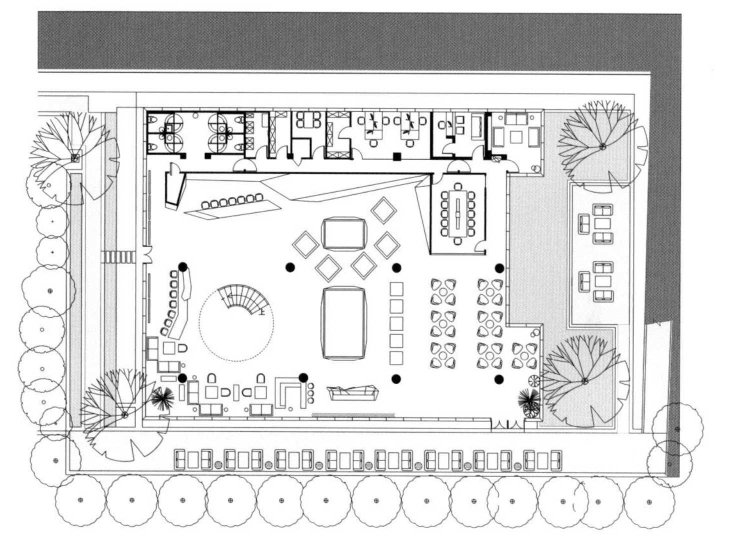

一层平面

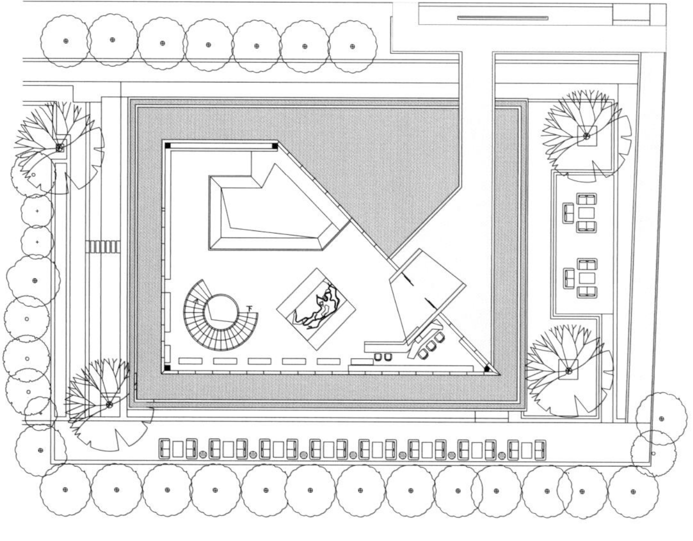

二层平面

项目基地位于重庆鸿恩寺森林公园南侧半山腰，面朝嘉陵江。它是23栋独立商业建筑中的一栋，同时初期又作为绿地海外滩项目的售楼处使用。

我们的想法是让建筑成为山与水之间对话的一个媒介，并在空间体验中反映出这地形变化特征。

基地临山入口与面江平台有一层高差，因此我们将建筑分为两层。二层为临山主入口，主要是一个企业品牌体验空间，以多媒体展示与滨江景观体验为主；而一层则为物业销售、模型展示与洽谈空间，与样板房相连。建筑形态上，一层为一个玻璃盒子基座，纯净坚实。二层朝山的一面通过三角形母体的拉伸处理形成起伏动感的轮廓线，呼应山势的同时塑造标志性形体，再结合外墙锌板厚重的灰色调呼应城市风貌；而在朝江的一面呈安静轻盈的水晶盒状，最大程度减少对江景的破坏，同时也让室内有完整的观江视线。以此为基础，一条起伏变化的路径把参观者从二层入口处引导到一层的滨江平台，在此过程中营造出5种不同母题的场所体验，让他们参与其中并感受到场地山水相间的魅力，这其中包括镜面水、江、三角、院和水晶盒。END

绿地·海外滩

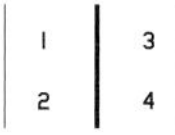

1 近看外观
2 室内
3 从北看景观庭院
4 分析图

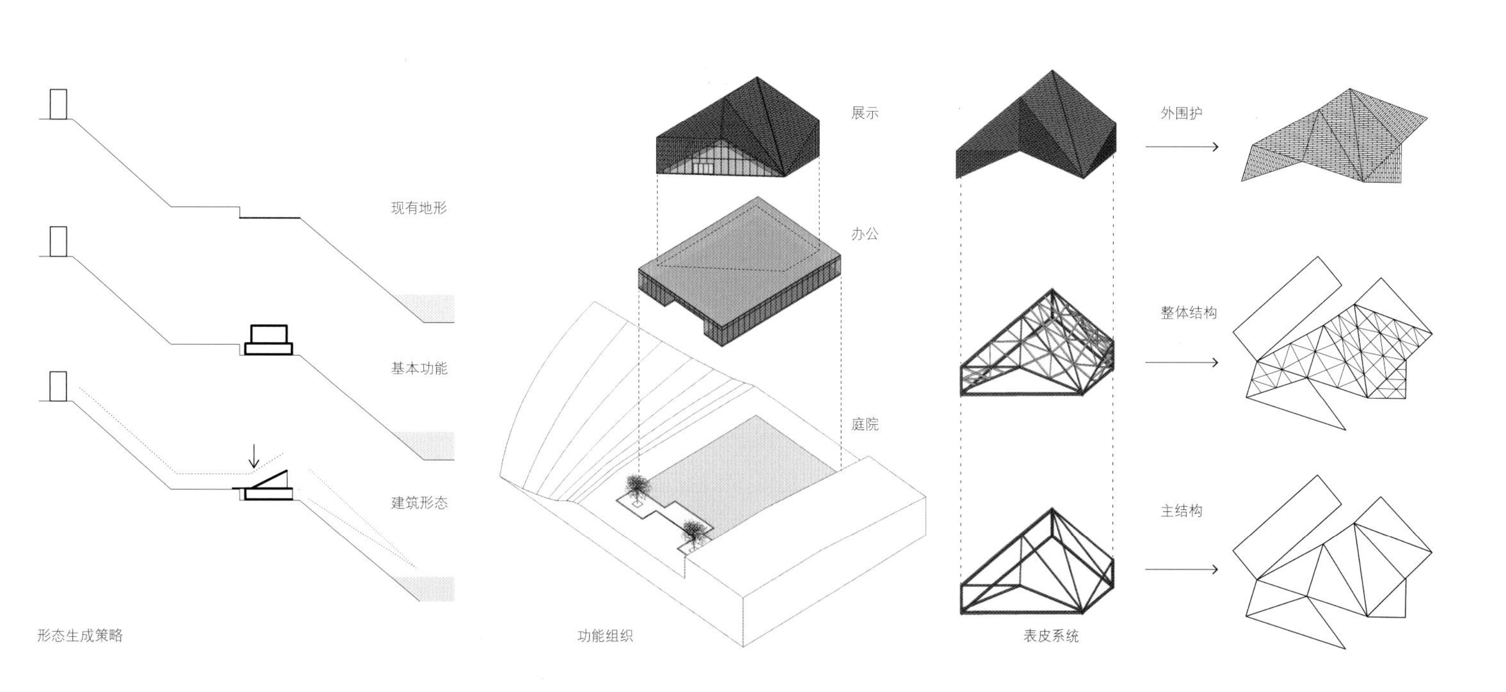

求新以求存：能作克治的炼金传奇

撰　文 | 端午

见到日本能作株式会社第四任社长能作克治，是在上海当代艺术博物馆的“重拾温度的记忆——高冈能作展”上。这位半路出家的匠作传人笑容和煦、举止安详，外表上一点看不出他会有高冈城铸造圈子盛传的“如果是他的话做出什么惊世骇俗的事情也不奇怪”的魄力。可毋庸置疑的是，他确然为渐趋沉寂的四百年高冈铸器之火添入了新柴。在中日两国的传统手工艺行业都日渐没落的当下，他“无创新变革，则不能成就传统”的倡言，值得我们深省。

百年老号的新传人

能作在高冈市设立本设，采用锡、铜、黄铜为材料制作茶具及插花道具、装饰杂货等铸造制品，到现在已经一百多年了。而能作克治成为能作家的一员，却是缘于一场浪漫的爱情。1958 年出生于福井县的能作克治从小喜欢画画，喜欢手作，但也仅此而已，铸造于他而言还是件很遥远的事情。从大阪艺术大学艺术学部摄影科毕业后，他投身新闻摄影工作。在报社工作时，他与能作家的长女相识相恋，并最终结为夫妻，放弃了喜欢的工作，和妻子一起承担起了能作家的家族事业。

“我是一个只会朝前看的人。其实作为家中长男，一般都是要支撑宗族、守家护业的，不应该到女方家里去。但既然决定要结婚，而对方作为家族继承人又要传承家业，那就没什么好犹豫的，只能一起挑起担子往前走。”从媒体人到手工铸造行业，跨越不可谓不大。要改变的不仅仅是从前“夜猫子”的生活习惯，向匠人们早睡早起的作息看齐；也不仅仅是应对大量力气活所带来的不适应感——从彻头彻尾的门外汉开始一点点学习，他把所有时间都花在成为一个合格的匠人上。“最初的 3 年非常非常辛苦。我用了 5 年时间取得金属溶解一级技师的资格，这在行内算是比较快的，为此也付出了很多。而成为一名真正的匠师，我花了整整 17 年时间。金属铸造最有魅力的地方，就是金属从液体变成固体的过程。会出现什么样的结果完全是未知的，失败的情况也很常见，在等待的过程中那种期盼紧张激动的心情让人感到很着迷。铸器是很艰难的事情，要做这一行，天份反而是次要的，但是一定要坚持。所以成功的匠人性格上都是比较坚韧的。”

1984 年加入能作，到 2002 年，能作克治担任能作株式会社第四任社长。融入到这个技术性极强、同时又行规森严的行业里，外行的身份带来的不只是辛苦，也有有别于世代执业者的新颖视角和开放心态。能作克治敏锐地意识到本行业乃至整个传统手工艺行业在日新月异的社会变迁中面临深刻的危局。事实也确实如此——高冈市青铜器产量曾占全日本产量的 90% 以上，号称铸器之城，而现在仅有 1990 年代的四分之一。不少公司倒闭，掌握高超技艺的匠人没有活计可做，不甘坐视行业衰颓的能作克治率先走上了变革与创新之路。

内外并行的革新

能作克治认为，传统行业的没落，其根源在于与市场和时代的背离。在日本国内，生活方式已经发生了很大的变化，而铸器产品还是原来的那些，自然也就越来越不符合使用者的需求，更不用说要销往海外了。“产品要适应社会环境和时代背景，适应当时当地的生活方式和消费方式，所以必须革新。我认为所谓保护传统，应该保留的是精工细作的手法和技艺，而样式、材料、功能、营销方式等等则要与时俱进。生存是我们现在的首要任务，为了生存就要去创新，获取经济价值，有了资本才能维护传统 —— 或者说传统中核心和精华的地方，这是一个良性的循环。”

能作克治的革新沿着两条线索展开，一条对外，一条对内。

高冈铸器产品的流通有个特别的传统，即制造商只与产地批发商打交道，由其收购商品再销售到店铺里去。“我们铸器厂方面从来没有见过客人的脸，东西卖到哪儿、被谁用，我们全都不知道。”能作克治认为这不合理。他直言不讳：“客人满意才最重要，什么民族特色、大师制作、传统形式都无所谓。如果不能用，就没有价值。”不能了解真正使用者的想法，就谈不上设计制造符合市场需求的产品，而越是如此，也就越依赖批发的商社来销售，于是陷入恶性循环。能作克治开始努力试图与使用者直接面对面。他筹办了产品展会，直面客户的需求令他受到极大的启发，同时产品也得到了更好的推广。通过展会，设计师与他们合作的照明装置被 BBC 青睐；与来访者的交流触发了研发新产品的灵感；能与最终顾客接触的最前沿的销售店员的建议，使得制造方了解到顾客的喜好从而设计出热卖的产品。

有了准确的市场认知，能作克治在社内开始了以“材料和设计”为主体的商品研发。也是在展会上，能作克治听一位客人谈到他想要餐具，而高冈传统铸器最常用的铜是无法制作餐具的，因其具有一定毒性，在国家标准中是禁止被用于制造餐具的。于是能作开始潜心研究，尝试了包括银在内的诸多金属，但都有各种问题如可塑性或成本等等。在一次与销售店店员的交流中，他们获得了灵感——100% 的锡。这种材料熔解度低，易于炼制，而熔炼之后的成品不易生锈，有很强的抗菌性，可以令酒变得美味以及令植物更容易存活，可用于对金属敏感的人，更特别的是它具有非常柔软的特质，可以进行 DIY 再创作，产生很多有趣的效果，让使用者有更多发挥的可能。加入了新材料、新工艺，能作克治同时也引入了设计师进行产品设计，并与设计名家合作单品。“能够体现时代大背景的才叫设计。”能作的可变形 100% 锡托盘可以由平板变身果盘、红酒架、置物篮，一问世即大受好评；融汇高冈的铸器和金泽传统金箔工艺的贴金箔月亮的酒杯，完美演绎了举杯邀明月的意境；青铜在墙面上做出花纹，应用于建筑装饰，出现在许多高端场所。还有许多跨界之作：与皮革公司合作的皮夹、hello kitty 的风铃、与时装公司合作的裁剪工具……通过对新领域的开发，创新产品的产值在 5 年中增长了 5 倍。

今日之创新，他年之传统

能作的复兴为一度死气沉沉的铸器业打开了一扇新的大门，有不少同行开始积极创新。能作的举措加上整个行业的变革，实现了能作克治所追求的一个重大目标 —— 引导更多人加入到手工铸器行业，毕竟“人”才是传承的载体，新血的注入才能令这个古老行业薪火相传。

“20 多年前，匠人地位和工资都很低，这也是行业衰落的重要原因。所以，我首先要提高现在从业的匠人的地位，其次要积极推广和展示我们这个行业，吸引更多的人加入进来。”能作克治提出，如今一个产品要成功，产品本身、其上体现的技艺、其中传达出的理念和情感，三者缺一不可；使用者对产品背后的故事及其蕴含的思考也很感兴趣，一旦了解了这些，他们在使用物品时就会产生联想乃至精神上的共鸣；因此，匠人不应仅是实施设计者意图的工具，他们与设计者、营销人员应该处在平等的地位上。同时，能作还通过各种手段积极对外展示铸器之美。他们在展会上展示产品制作过程，甚至同步直播工厂活动，让人们对手工铸器有更多了解。他们还大力在小孩子当中宣传和普及铸器，现在每年有 2 000 多名小学生会来到工厂参观，能作期望在这些孩子心中播下种子，让铸器得以传播，让更多的人了解传统行业，了解手工业的历史和传奇。目前，能作的匠人平均年龄为 31 岁，越来越多的年轻人愿意加入进来，来能作学习的人来自全国各地，从零开始学习手工铸造。有不少来参观的小学生表示，长大后希望成为一名匠人。

“现在的日本发展慢下来了，所以出现了重新认识手工艺和匠人的时机。我希望能够成为一个榜样，让大家看到希望，带动本行业乃至整个日本手工艺的振兴。日本的手工艺最大的特点在于其技艺的精细和优美，我想让这些传下去。”27 年来，能作克治一步一步地实现着自己的理想。“我觉得不积跬步无以成千里。如果想要得到 1 000，一定是一个一个的‘1’累加上去的。从成为匠人开始，一点点扩大实力，做一步看一步，顺其自然地一点点实现梦想，我也知道这样很耗时间，但所谓捷径我认为是没有的。我来到中国，感觉现在中国的发展过于迅猛，很多人抱着 1+1 就要让它等于 1 000 的心态，两三步就想跨越千里之遥，可能反而会欲速则不达。”

已过知天命之年的能作克治，周末也会从早上 6 点工作到晚上 9 点，并且乐在其中。“从工作中得到快乐是非常重要的，做任何事都要坚持。”坚持是能作克治反复强调的一个字眼，在他身上，很容易看到那种“阿信”式的坚韧不拔。他说：“过去的事情，哪怕是发生在一分钟之前的，也不能追悔，所以要活在当下，展望未来。”他如此总结自己的经验，并与所有有志于复兴传统手工艺行业的人共勉 —— 保持开放的心态，不对抗，不对立，共创、共赢，才能发展。

Think global,act local.

保护传统就要创新，这样才会有未来的路。一百年以后，你现在做的就是传统。END

范文兵

建筑学教师，建筑师，城市设计师

我对专业思考秉持如下观点：我自己在（专业）世界中感受到的“真实问题”，比（专业）学理潮流中的“新潮问题”更重要。也就是说，学理层面的自圆其说，假如在现实中无法触碰某个“真实问题”的话，那个潮流，在我的评价系统中就不太重要。当然，我可能会拿它做纯粹的智力体操，但的确很难有内在冲动去思考它。所以，专业思考和我的人生是密不可分的，专业存在的目的，是帮助我的人生体验到更多，思考专业，常常就是在思考人生。

美国场景记录：人物速写 I

撰　文 | 范文兵

“哪个地方的人其实都是一样的。”这是一位基本不旅行，几乎一辈子呆在中西部小城哥伦布（Columbus）的白人中年女护士，在作为志愿者与来自中国的学生和学者多年打交道后的感受，这也是我看待美国人，包括生活其中的中国人的基本态度。

等签证的人们

去位于南京西路美琪大戏院旁一座高层商务楼里的美领馆办签证。此地排队盛况，堪比世博会时期中国馆。楼下沿街，是长长的预排队伍，进入楼内上到楼层，围着电梯厅，又是长长绕了一大圈，通过安检进入签证大厅，仍然是熙熙攘攘的排队等候人群。

粗粗看去，有这样几类人。

一是年少出去读书的。我前面就是一个穿本地初高中绿色校服的少年，手中的大信封上，应该是父母怕他忘记，用很大字体打印出的他的名字、地址等相关中英文信息。这孩子一脸懵懵懂懂，老老实实地排队向前。

一是来自江浙去旅游或商务的商人们。他们多是一身名牌装束，三五成群，大声谈笑。男的脸上普遍带有浓厚的沧桑与精明感，女的则大多有着一张与丰腴体态和褶皱脖子不相衬的过分紧致光亮的面孔。

一是来自内地的干部们，也是成群结队的。老张老李大声热络着，交流的，是单位熟人间的鸡毛蒜皮。基本都穿着宽宽大大的统一制作的黑色西装。

一是探亲的老年上海人。他们的孩子应该是早年间出国潮中出去的本地人。在好几个签证窗口，传来老年人大声的本地普通话口音：“我是去给我的孩子看孩子的。”

还有很多是国内大学读完出去继续读书的。这样的年轻人一眼瞄过去有好些个。大多都有点儿紧张，最夸张的是我身后一个学生，一直在喃喃自语地背诵着什么，估计是哪个签证攻略中看到的标准问答。

此地有股奇怪的气场，人们一旦进入，便会失去定力，会慌慌张张不断询问旁人，生怕漏掉点儿什么。我好心提醒身旁一个坐立不安的年轻人说：“别急，你看，告示牌上写着呢，只要坐在这里，工作人员就会叫你的名字，不会错过的”。就因为这一句话，一个接着一个，至少5、6个成年人，来问我各种其实稍微定心、就能在告示牌上获得答案的事项。我只好一连声地说：“我不是工作人员，我不是工作人员，你们自己看一下就明白了。”

最后，我不得不站起身来，和周围人群一样，呈现着伸着脖子不断前后焦急观察的体态，才让周围终于消停下来。

印度司机

在从拉斯韦加斯机场去旅馆的出租上，我拣到一部手机，就此，和来自印度，看上去50多岁的司机聊了起来。

他告诉我，他原来是名电脑工程师，妻子是电气工程师，来美已30年。在大到纽约，小到奥斯汀，以及我这次走过的旧金山、西雅图、洛杉矶等地都工作过。因为合适的工作不好找，他开出租已经3年了。

他说，他会编程，然后说了一大堆软件名（我只知道Autocad,Rhino），妻子也懂这些软件，还会教书。他说，为了年纪还小的孩子能够受到良好教育，他要继续工作。他说，他来自印度培养最多软件人才的班加罗尔（Bangalore，号称印度硅谷）。他说，他喜欢德克萨斯，因为那里生活便宜。

临下车时，他再三叮嘱我：“你是一个受过教育的人，一个人旅行，一定要注意安全，多拷贝几个护照放在不同地方以防不测。一定不要贪杯，否则警察送醉酒的你到医院就变成新闻了！”

他个子不高，异常干瘦，皮肤黝黑，带副黑框眼睛，嘴都老得开始瘪起来了。

我给了很多小费，觉得他也是一个受过教育的人，不是怜悯，而是惺惺相惜。

白人（东欧？）司机

从旧金山金门公园到金门大桥的出租上，一个英语明显带有（东欧？）口音的50岁左右的高个子白人司机和我聊起中国。我很惊讶，他竟然知道Aww！

我问：“你对中国很感兴趣吗？”

他说：“没有呀，一般了。只是这里的广播总说、总说（我后来在博塔设计的当代艺术博物馆SFMOCA附近的街头，看到了Aww艺术展的招贴广告），就知道了这个和政治密切相关的艺术家。”

“他站在政府的对立面，对吧？”他问。

1

2

3

我说："是的，他的理由你同意吗？"

"中国和美国一样，很大、很复杂，很难有一个解决办法。他说的也许有道理，但他不是一个艺术家吗？怎么和政治那么密切呢？"他转回头问我。

我不知该如何回答，只能说："在中国，每个人都避不开政治！"

到了寒风阵阵的金门大桥，他走出汽车，握着我的手说："朋友，祝你以后建出更高的房子！"（图 1：最寒冷的冬天是旧金山的夏天）

印尼老太

去洛杉矶附近一个叫 Pasadena 的小镇看"加州风格商业街"。由于这种风格对中国太多的地产商产生过影响，因此我很想亲自去看一下，源头究竟是怎样的？（图 2：加州风格商业街）

从洛杉矶城中心（Downtown）搭乘城际火车出行近 30 分钟抵达小镇。走出小小的火车站，我向前面一位 60 多岁的亚裔模样的女士，询问商业街 Colorado Blvd 的地址。

她站下身，转回头，很认真、细致地为我讲解，同时问我，为什么要去？想看些什么？

她个子不高，身材瘦削，身姿笔挺。在这么热的天气里，一丝不苟地穿着一套暗花丝绸衣衫，整齐地佩戴着白色的项链和耳环。这和旁边不断经过的大裤衩、肥 T 恤、胖身材，松松垮垮的美国行人，形成鲜明对照。

然后她问我，来自哪里，得知中国后，高兴地告诉我她和先生去过上海，还有长城。"不过那些导游呀，根本不让我们在长城上呆太久，哼！你一个人来这个不知名小镇，简直就是一次历险呀！"

她转公车的方向与我同路，于是边走边谈。她的英语非常标准，吐字很清晰。原来她来自印尼，到美国 3 年了。到了公交站，她很认真地问了我的名字，练习再三，并告诉我她叫 taish，然后认真地看着我的眼睛，一字一句地说：

FWB, GOOD LUCK!

走南闯北的年轻设计师

在西雅图海滨所住旅馆附近的一个景观平台处，我请一位手持相机的年轻人帮我拍张照。然后，顺嘴聊了两句对该城市的印象，话匣子就此打开。（图 3：西雅图海滨）

他来自洛杉矶，是一个已工作了 7 年的图形设计师（Graphic Designer）。

他的工作类似一名独立设计师，给不同电视频道或公司做各种形象、动态片头设计。在为某个公司做设计时，就会长驻在该公司里。他自辛辛那提一家艺术学院毕业后，走南闯北去了很多地方，现在，正为洛杉矶一个军队内部的频道做设计。

我问："是不是我们外面的人看不到这些军事机密呀？"他笑说："对呀！"然后拿出他在军队基地里进出的专门证件（ID）让我看。

他告诉我，他认识一些建筑师，年纪挺大了，最近日子都不好过，很多做了一半的设计却拿不到钱。我悲叹道："这和中国一样呀！"

"但是，"他说："那是因为有些地产商破产了，所以设计拿不到钱，这也没办法。"我咳嗽两声，尴尬地说："哦，在中国，是有些地产商硬赖皮不肯给钱！"

他对职业充满了热情，说到兴奋处，硬要我看他存在相机里的视频作品，还给我他的名片和作品网址，希望我去提意见。

新入学的研究生

这学期一开学，我从紧邻校园的个人独立套间（Studio），换了套私人独立住宅（House），和 3 个美国学生各自分租一间卧室，共用客厅和厨房。

搬进房子整理行李时，一个暂居此处新入学的美国研究生问我，平时有什么爱好？

我边整理衣物边说："喜欢游泳和打网球。"还没等我说完因为摔伤过背、网球不再打的时候，这个来自田纳西的学生大声说："那个东西在中国可是有钱人玩的呀！"

我很惊讶，问后才得知，他曾在深圳呆过 3 年，以教英语为生，后来，俄国人多了，被竞争出局。"因为中国人，"他愤愤地说："只要一副白色面孔就可以了，俄国人便宜！"

他很通中国行情，白酒、麻将、泡妞、关系……无一不晓，等确认我不是一个简单的中国愤青后，才放心地说起他的前任女友们。

他丰富的表情、灵活的眼神、老练的谈吐，恰好和来自佛罗里达的一名放弃赚钱的银行工作，决心读了研究生后到社区大学教书的男生形成对比，那个男生有种敦厚的善良与礼貌，他们俩都是今年 8 月入学的数学系研究生新生，田纳西学生准备读完书后去投行工作。

不知这个田纳西学生天生就这样，还是在中国学会的这一切？

前往旧金山的中国人

在从西雅图机场去旧金山班机的登机口，立马发现中国人比例骤然增高。不过，各种年代、身份，还是一眼能看得出。（图 4：旧金山中国城）

有像从泛黄照片里穿越时空走出来的中国城老一辈移民，身材瘦小，面容里有种与我习惯的中国大陆老人不同的"寡淡"表情，身姿中多包含一种"紧张感"，更显其瘦小。

有 1980 年代旧港片那种闪闪发亮 blingbling 艳丽装扮的，大白天会有夜妆妆容，彼此用粤语交谈的中国城年轻二代。

有跟美国年轻人乱七八糟穿着一样，但明

显身体在大陆受过学习重压，因而站没站相、坐没坐相，身姿也是乱七八糟的新留学生。

有一身大陆（内地）干部黑灰夹克装扮的中年人，旁边不耐烦地站着穿着韩、日风尚的孩子，和紧张的察言观色的妻子。妻子们的穿着多给我一种奇怪的突兀感，比如一身中国内地艳丽的，有很多穗穗线线繁琐潮流的衣衫上，常常赫然背着一个金光闪闪的当季极简风格名牌包。

当然，还有我这个背个破旅行包，胡子拉碴，四处流窜，号称旅行就是专业学习的人。

看来，旧金山的确是中国人的老巢，各色人等都齐全了。

屌丝与性工作者

从拉斯韦加斯机场下飞机开始，就开始遇见比例远高于美国其他地方，屌丝气息浓厚的人群，男女老少都有。（图 5:拉斯韦加斯街景）

凌晨 3、4 点了，拉城主大街上还是满满的一脸兴奋的年轻人。

大部分人一看就知道，是初到“罪恶赌城”的美国“中部纯洁大农村”人。气质土土的，肯定是压抑久了，到了此地就尽量放肆，喝点儿酒，撒点儿小酒疯，找 1、2 个性工作者。但这些人基本都是 3、4 人成群的，很少见到独行客，估计主要是为了壮胆，还有就是省钱。于是，普遍会看到如下组合：3、4 个一身邋遢，大裤衩、大 T 恤、夹脚拖鞋的青壮年，身旁走着 1、2 位面带职业微笑，身材超好，面容精致，紧身时髦打扮，脚蹬高跟鞋的各色女子。

路过一个红灯站下来，旁边 2 个大肚腩中部中年屌丝土人，放肆地大声问也在等红灯的 3 个性工作者：“钱赚得好吧，这里真是好赚呀！”

一名艳丽黑人女子不屑地说了声：“还是迈阿密好赚！”然后接着说了几句不满该男子如此无礼的回话。两名男子立马退缩，不敢搭腔。

赌城有一种使人被催眠的梦境感，所有人都以为自己立马能够实现屌丝逆袭，可以为所欲为。在美国最常见的礼貌问候，早已被欲望吹走，粗鲁直接是这里的通行证。几乎所有人都不掩饰自己的种种欲望……这些个现象，让我不自主联想到法国大革命或中国义和团时，风起云涌的平民夺权与大开杀戒。

还发现个现象。若以 10 个以家庭为单位带小孩来此地作标准（我个人以为此地应属少儿不宜），白人大概占 1、2 个，墨西哥人、黑人占 3、4 个，印度人 2、3 个，剩下的，是黄皮肤的亚洲人（韩国人、华人，日本人几乎没有）。

墨西哥、黑人家庭一眼看去，基本都是中低层家庭，男女老少一大家子，无所顾忌，无所忌讳，似乎来此地就是过一个嘉年华。而一些一眼看过去从大陆过来合家旅行的（一般来说都是中层或中上层了），看上去就特别让人纠结，就像晚上全家坐在客厅看电视，忽然屏幕前出现了裸女、赌博等限制级场面，父母不知该做如何表情，孩子也不知该如何理解父母带他们来的意图。

年轻的文盲司机们

第一次遇见不识字的司机，是在旧金山。

一个阿拉伯人模样的司机，用口音很重的英语说，他不认识我拿给他看的纸条上的地址。在已初步了解美国不同阶层、不同族裔间巨大落差及相互隔绝状态的基础上，我一点儿不惊讶，而且隐隐预感，这不会是第一次。

记忆中，迄今为止一共碰到过 3 位不识字的出租司机。一次旧金山，两次洛杉矶。两个是阿人司机，一个是黑人司机。他们究竟是不认识迥异于自己母语的英文，还是根本不认识文字，我拿不准。

两个阿人司机的反应很像，说自己不识字，然后我念给他们，都爽快地说知道，然后，都把我放在了一个与目的地有相当距离的地方，而且都很肯定地说：就是这里，再往前走两步就到了，我车开不过去的。可你要知道，在美国这种分离式布置、尺度超大的地方，差几个号码，或者东路变成了西路，那是要跑死人的。

洛杉矶那个不识字的黑人司机，英语很本土，也是真认路，把我放对了地方。记得当跟我说他不识字的时候，表情超级羞涩。

三人都是 20 多岁的年轻模样。END

唐克扬

以自己的角度切入建筑设计和研究，他的“作品”从展览策划、博物馆空间设计直至建筑史和文学写作。

不透明的世界的透明性

撰 文 | 唐克扬

什么是“透明”？很小的时候，大约是1970年代末期，尽管我的城市里还有连片的土房，玻璃已经不是个稀罕事了，但是大多数都还是那种劣质的薄片玻璃，时有杂光，掺带杂色，“晶莹透明”是谈不太上的。因为玻璃难得更换，大多数时候，也就沾满了尘、雾霭和各种成分的油腻。现在想起来，这种无法防止也难以清除的“脏”，其实，是理论家们津津乐道的某种“中国性”的一部分。

在需要的时候，这种不甚透明的“透明性”是可以摆布利用的，比如厕所、浴室和其它不欲人们窥见的室内空间的开口，就需要覆盖这种暧昧的不透明玻璃，稍加装饰图案，便是我们今天所说的“钻石玻璃”这样的“廉价出奇效”的装饰材料。倒过头去看1980年代的不显山显水的“透明性”，那时我们似乎是用一种低成本的设计，达到了今天用高档夹胶玻璃，电控调光玻璃才能达到的质朴效果，有时候这种效果甚至比今天的“过度透明”会更好，因为至少对于那些年月陈久的住区而言，只有这种“不透明”才有着和我们欲语还休的与生活相匹配的丰富层次。

无论如何，玻璃在中国的历史并不能算很久。德国传教士汤若望始建的北京南堂（圣母无原罪堂）已经大量使用所谓“明瓦”，而大约同一历史时期，初次尝新的雍正皇帝在养心殿卧室所安的所有玻璃，却抵不上一所教堂所有玻璃的一个零头，足见还是昂贵的物事。据说，这是因为威尼斯的玻璃工匠妥善地保存着他们的秘密，不欲外人知晓——但这也许终究只是个传说罢了。事实上，东罗马帝国的玻璃器皿早已传入中国，只是中国人对于“透明”这种属性一直都不那么熟悉，李白写道：“却下水精（晶）帘，玲珑望秋月”——多么优美的画面！但中国人似乎分不清属于液态的玻璃和固体的水晶（水精）的区别。是当代建筑理论家比如柯林·罗（Collin Rowe）这样理论家的著作，使我们认识到西方人说的“透明性”（transparency）并不是等于真正意义上的“全透明”，其原因很可能是相对于他们早已有之的全透明（光线损耗为零的情形），透明性这个词实际上说的是一种程度，而对于一向“善于包藏”的中国视觉文化而言，看到了和看见了似乎没有区别——我们要么是不透明的，要么又是赤裸裸的。

我第一次感受到“透明”原来是有层次的，是到了美国之后。我“天真的眼睛”一下子感受到了巨大的不同，在那里的民用住宅大多使用真正透明无色的超白玻璃，就连城市中第一层的房屋也经常使用巨大的落地窗，并无防盗栅栏，并且入夜之后不一定拉下钢铁卷帘（当然，在各种骚乱的晚上，这也就造成了形形色色的“水晶之夜”）。现代主义的钢铁框架摩天楼的观感无法脱离这种奇观式的透明性，和前现代社会包藏着的室内迥相其趣，在芝加哥，我曾经居住过贝聿铭早年设计的55街大学公园公寓（University Park Condominium），直观地，经年累月地感受了这种透明性，在那里玻璃一直接到竖向结构和水平楼板，造成立面上不加掩饰的巨大孔洞，向南的窗户极大，几乎把没有

人工通风的方盒子室内变成了一个温室。

我喜欢现在我纽约的住处，也是因为它的几扇宽大敞亮的窗户。更有甚者，起居室朝向室外的是整面的落地窗，对着一个不曾包上的露台，落地窗虽然是双层的，但玻璃很干净，某种意义上，就让这间客厅直接暴露向了远山。有段时间的白天，我长久地守在这里，一边倚在沙发上看书，一边近距离感受着窗外全方位的晨昏变换，一切真真是透明的，和我之间仅仅有一层薄薄的玻璃。这个时候，你就格外真切地感受到透明度的变换，尤其是凛冽凉薄的冬日，随着屋里温度的增高，水汽慢慢在窗玻璃上堆积，渐渐增加出更多的层次；看着看着，天色向晚，屋外暗下来，屋里的灯光染遍屋里的每一个角度，但是却无法侵入屋外广大的黑暗，倒是把我的影子映在玻璃上了。就在这个时候，偶然在靠窗的茶几上点亮一盏烛台，我发现在玻璃上的光影不是一个而是数个，当你坐得离落地窗更近，就会发现即使是玻璃片也是有厚度的，这种浅浅的深度尽管很难辨别，它却是此刻的晦明交际处混沌的氛围的来源，并且通过人脑和反射的放大留下深深的印象。当你仔细打量这些时，你就会慢慢忘记了真实的世界，进入一个向着不可深度潜行而去的长廊之中。

我一直着迷这种现象。有没有可能在室内设计之中更明确地表达—揭露这种现象？隐隐约约地，我体会到它不一定是玻璃和原设计本身的预设特性，而是前面提到的，某种“现象的雾霭”的产物。这种“现象的雾霭”事实上改变了空间“全透明”的属性，但是反而比那种“恍如无物”的清洁的现代主义更生动了。

位于798的某画廊建筑是特殊时代条件下的特殊产物，它透明幕墙的构造和画廊的功能生来就是拧着的，首先是造了一个完全不适合做画廊展示用的玻璃幕墙加上简易屋面的盒子，在接下来的年月里，就是房主锲而不舍地持续改造这间“非画廊”，直到把它改动得面目全非，他用石膏板墙糊上了原来的玻璃盒子，除了西南角突出的一角，现在这个盒子又四面不透了，变成了一种内外逻辑完全脱离的东西 —— 也许这就是中国的国情，它无法一下脱胎换骨，而只能消化前面的状况，在每一个局部逻辑链条基本完整的情况下，整个设计却是支离破碎，理性的“明镜台”上真实是尘埃满面的状况。

换一个角度思考，也许这种蒙昧便也是中国式样的“透明性”另一个层面上的来源。与其改头换面逆流而上，能否顺天应命？我们也许可以不追求字面意义上的透明，而发现从一种混杂的困境中抽身而出，“忽然有光”的“奇迹”—— 能不能不只是“解决问题”，也从问题的解决中生发出建筑的意义？

我的改造设计面对的主要问题有3样：其一是要有个合用切题的室内 —— 就现行美术馆的基本功能而言，有些东西无论如何是说不过去的，比如一侧的直射光对于展品的干扰；其次还要设计出一个起码的展程，使得出入和观瞻有着更好的联系，包括对于室外广场的改造；最后，是如何在创造新意的前提下，尽量利用既有的条件，不至于完全推倒重来，尽量有点“化腐朽为神奇”的意思。在中国的国情下，第三点也许更加有意义。

结果是利用石膏挂金属网结构创造出了一种特殊的半透表皮，它带来了听似奇特的“（随光强）有深度的透明”，“（随地点）不均匀的透明”和“（随时间）变化的透明”。对于建筑室内的整体改造，我感兴趣的一个最主要话题是：如何可以让厚重同时有光？如何自成一体的同时向外界开放，如何在喧嚣里听见安静？在视觉语言上，我的设计并不追求第一印象的“动人”，它致力于对物质性和非物质性边缘特质的探索。

这样又“透”又“不透”的白墙可以保证基本的展出环境，在不同的光照条件下，还可以让室内和室外有良好的互动。在晚上看上去它就是一面普通的白墙。但是一旦下午的阳光投射上去，人们就不难发现这堵白墙的不寻常之处。它所承载的透明性不是普通的穿孔板和网眼板可以做到的。因为这种透明性是逐渐“渗透”进去的。

在项目进行的过程中，我也意识到与这种透明性联系在一起的普遍问题。其实，除了手工和物理的构造之外，一定还有别的办法达到这种既透明又不透明的“奇迹”。西方人早已先行一步，透明混凝土是在普通混凝土浆料中掺入一定比例的玻璃纤维使得它既坚固又透明。我则想到，是否用其它轻薄透光的材料比如纸浆掺和在混凝土中也能有这样的奇效？我们既无法承担实验费用，也没有什么厂家愿做这样的实验，但基本思路似乎是清楚的，巨型建筑用在立面上调配开窗大小比例的方法来控制一座建筑的“透明度”，微观上的“透明

性”也是把一定数量的“透明”掺入“不透明”，只不过在人的尺度上，在室内设计项目中的感受元素更微细，对于需要不动声色的节点的设计的要求也更高。

后来有机会迎来了第二次“透明性”的改造：这一次室内的“内容”如今也成了室内的一部分，因为我是这个艺术展览的策展人。碰巧，展览的主题正是关于“透明”，这一次的“透明”是通过另一种意想不到的方式——“反转”——达到的，既直观又抽象而且一定程度上“非建筑”。“反转”本是摄影中一种并不少见的技术，感光胶片上的世界原本就该是“反转”的，看上去难以真实，冲印照片，再次“反转”，就会将中间状态的负像恢复成人眼习惯的“正片”，负负得正。黑白正片的感色性仅限于紫蓝色光，黑白“反转”的结果因此不像彩色正片，实际应用也较少，可是，有一位艺术家把高反差的黑白正像再次变为负像，它改变的不是色彩关系成为明显的不存在的事物，而是成了一种微妙的反转的现实和另一种“透明性”的来源。

这位艺术家拍摄的对象残佛来自云冈石窟。在南北朝时代，“反书”是一种新兴起的视觉现象：“这个时期的许多作家、画家和书法家都试图同时看到世界的两面”（巫鸿，《中国早期艺术与建筑中的“纪念碑性”》），于是，在梁文帝建陵前的神道上我们看到了一对互为镜像的铭文——“太祖文皇帝”的“正”“反”两种写法——它既是对称也是“颠倒”。

视觉表现本是互文的，无所谓黑白正反，因为视觉表现中的实证性（positive）命题（方的还是圆的）常属绝对，规范性（normative）的感受（黑色还是白色）却多少依赖于相对性的错觉——“形状是绝对的，所以在你画任何线条的时候都可以说它是正确的或是错误的，色彩却是全然相对的”（E·H·贡布里希，《艺术与错觉》）。但人的身体是左右对称而分前后的，这带来了文字书写天然“正反”的区别，通过区别此界和彼岸，一个身处生和死，凡俗和天国边界的观看者得到了非常强烈的空间深度的信息。由平面到立体，这种反转带来的差别就好似反转片之区别于寻常照片，它使得观者“看进去了”。

就其空间意义而言，云冈石窟呈现出较强的“西方”影响向中土范型嬗变的转折意义，此处也是中国寺庙向“前殿后塔”格局过渡的关捩点。依据北魏时期的记载，那时的佛窟依然保留着印度石窟寺的类似用途，流行于云冈的中心塔柱，表明早期佛寺依然保留着以塔为中心的格局；但是，大多数佛窟又残留着原来窟檐（门－面）的痕迹，或是自身干脆成为一种拟似的石质建筑空间，这便给洞窟中的法体带来了两种不同的解读——是中心对称因而接近佛教的转轮时空，还是左右呼应而有“前”“后”？

“颜上足下各有黑石，冥同帝体上下黑子”（《魏书·释老志》）——著名的“昙耀五窟”中有平城时期诸帝真身的传说，至少是显示了这么一种可能：佛教空间的礼仪模型，已经和世俗崇拜的需要并行不悖了。它们其实不一定会自相矛盾，相反倒可能相得益彰，这是巫鸿先生所说的另一种“阈界位置”，也就是产生双重意义的二元图像的位置。如果说恢宏的窟门是毫无疑义的“进入”，洞中陈列千佛的佛龛却有待模糊的感受，它们既可以是盛满形象的均一“宇宙”，也可以是突出帝－佛世尊的特出“座位”，前者可以在冥想里渐趋混沌，后者却因强烈的等级而有确定无疑的方位。

摄影家的作品正是这种二元图像的再创作——当他把残缺洞窟的画面“反转”以后，意想不到的情况不是佛像的“消失”，而是在于它的“重现”。三维的洞窟投影为黑白照片后，强烈的进深消失了，只剩下凹凸图底的关系，当明暗转置之后，大面积的暗色取代了明亮区域，如果还循着原先空间进深所设定的观览定式，原有图像的前后便发生了逆转——现在，仿佛是佛在后，墙在前……如果图像本完好无缺，那么，在清晰的空间再现里，底片般的它看上去就是一个悖谬的画面；可是，佛像的轮廓还在，而且因它的不完整而给空间阐释留下余地，由于格式塔般的心理机制，一个幻觉性的整像便沿着残损的格局，在观者的感受中油然浮现，在画面的“前”“后”来回扯动。

原本坚实的墙面消失了，它也因此变得“透明”。

我新的“透明性”设计正是基于这样的原理。除此一点之外，这个设计只是一个常规的设计。奥妙在于一种物性两边不均等的介质，一种有意而为的“反转”和“翻转”：一边坚固，一边透明，但是两边的物象则同一。“正像”提示着由一个不可穿越的“正面”，反面的“负像”却是一个没有深度的趋于消失的幻境。

为什么要这么做？在《艺术与错觉》里面，贡布里希早就说过：“所有的艺术发现都不是对于相似性的发现，而是对于等效性的发现。这种等效性使我们能按照一个物象去看现实，而且能按照现实去看一个物象。”类似的，我们也可以说，所有的空间都不是在字面意义去构造某种感知，而是找到一个与经验同构的途径。这种途径使我们能按照我们青睐的感性去分析建筑构造方式，而且能按照特定的建筑构造方式去还原某种感受 END

俞挺

上海人，双子座。

喜欢思考，读书，写作，艺术，命理，美食，美女。

热力学第二定律的信奉者，用互文性眼界观察世界者，

传统文化的拥趸者。

是个知行合一的建筑师，教授级高工，博士。

座右铭：君子不器。

上海闻见录·八十年代的大饭店

撰　文 | 俞挺

1980年代到1992年之前，上海突然发现自己处于最尴尬的境地，全国的目光都到了深圳。上海不再是全国时尚的领导者了，上海似乎被刻意遗忘了。上海在种种制度的束缚上试图作出一些挣扎。现在看来，这些挣扎是多么有上海特点，比之彻底诚服在真正意义上的国际潮流要多了一份上海，这份上海不是1930年代那个上海，是建国后作为长子那种自信的上海。

从理论上讲，1980年代开张的饭店最多不超过30年，不能算老饭店，但鉴于1990年代以来上海的日新月异，几乎是刹那间，那些1980年代的明星们还没从陶醉中苏醒就已经变成半老徐娘了。

花园饭店

1984年，日本野村证券株式会社投资1.28亿美元在上海法国总会兴建饭店，1989年竣工，取名为花园饭店，翌年3月21日开始营业。日本人保留了花园草坪，并保留总会建筑，将其改建成饭店的大堂。在整个1990年代，花园饭店是上海最好的酒店。1990年代在花园饭店的大草坪上举行一场盛大的西式婚礼，是许多迷恋旧上海风花雪月的女孩们的梦想。

Irene Corbally Kuhn认为法国总会的西餐最好。的确，那时，法国总会相比英美俱乐部体现了更大的宽容，它不仅有亚洲最好的弹簧地板舞厅，最好的饭桌，更重要的是它允许中国人和女人加入。Irene Corbally Kuhn只能被朋友带到上海总会参观而无法加入这个俱乐部，但她绝对可以尽情享受在法国总会的美好时光。

法国总会曾是法国领事的骄傲，认为它体现了最完美的装饰风格和现代趣味的结合，所以法国总会不是什么巴洛克，洛可可标签所定义的，它是正宗来自法国的Beaux-Arts styles的杰作，和外滩那些模仿和歪曲但色彩沉重的大楼相比，它完美诠释了Beaux-Arts的魅力，它轻快明亮的外墙是浪漫法国文化的代表。加上这是没收世仇德国的资产基础的新建，一切显得都那么完美。

解放后，法国总会收归国有，改名为文化俱乐部，但主要为高干服务。1960年以后由锦江饭店代理管理，对外名称为58号俱乐部。江青十分钟爱此地。

时至今日，在饭店顶层欧陆餐厅望出去，依然能够看到还没完全被蚕食的上海旧景。依然可以在花园饭店的大堂咖啡处看到定时在这里喝咖啡的老人，这些着装整洁，头发梳理得一丝不苟的老人正是上海这个历经沧桑而弥新所保留的腔调。

静安希尔顿

我们曾经一度认为世界最好的酒店就是希尔顿。1989年，洁白的现代建筑静安希尔顿酒店高高地骄傲地矗立在华山路上，它立刻成为上海的地标。静安希尔顿是个上海的希尔顿，充满了1980年代上海的烙印，缓慢，有些骄傲，有些旧但也时髦。

有趣的是，上海人自己觉得土的江南园林被设计精致后引入室内成为中庭一景。等我们现在再想造个江南园林时，已经找不到师傅了，有时看着希尔顿和商城的叠石，这些零碎边缘的造园继承了中国园林的传统，但也成为绝响，是我们自己放弃的，怨不得别人。

希尔顿曾是上海消费最昂贵的去处，即便如今，他家大堂咖啡吧依旧人头攒动，生意好得很。希尔顿对面的沿街旧里形成了上海最早的酒吧街，弄堂深处还有一家弄堂家常菜餐厅。如今，希尔顿是上海五星酒店之一，依稀有些没落，上海总是追逐更高的目标，但总忘了自己才是最高的目标。

上海商城

1988年，上海商城是通过拆掉汇丰银行大班住宅而建设起来的。设计师是将共享空间引入建筑而轰动一时的波特曼。他也是个著名的酒店经营者。当时酒店就叫波特曼，所以上海商城在1990年代，城中时髦人习惯称上海商城为波特曼。1990年代初，上海商城是真正意义的地标。它是上海第一栋真正意义上的复合功能的簇群建筑，酒店、办公、剧院、公寓、高级精品店和餐厅。我们脱离德大、红房子这些上海西餐馆而认知西餐，认知所谓的顶级名牌、了解涉外机构和外国驻华机构以及最时髦的演出都是从商场开始的。

商城的设计引入了美国人眼中的中国元素，所以立柱，回廊以及细部充满了臆想的中国风装饰。让中国人总觉得有些别扭。商场的首层空间架空，形成一个上海迄今还没有的灰空间。商场还有上海最好的空中花园，可惜很少对外开放。有时站在长廊酒吧俯瞰人来车往，仿佛置身一个好莱坞电影中而不是上海的某地。

即便今天，上海商城依然有上海最好的意大利餐厅，丰富多彩的餐饮，新元素这个诞生于上海的连锁餐厅品牌的首家店就是开设于此。不过商城的中餐一贯不行。

新锦江大酒店

1988年，高153.44m的新锦江大酒店在瑞金路开业，有着最高的旋转餐厅，其建筑形象算是上海第一栋现代主义风格的旅馆，是1980代末1990年代初上海的时尚地标，在其他服务相对衰弱的时候，其港式早茶还迄今保持着上海最佳之一的地位。

那时最热闹的是酒店对面利用法租界旧有的townhouse改建的饭店群。这里培养了上海改革开放后最早的一批独立的餐饮业人才。

华亭宾馆

在上海的商业版图上，徐家汇是非常重要的，1990年代新兴的商厦星罗棋布在徐家汇中心，比如小资圣地——太平洋百货，令淮海路和南京路一时稍逊风骚。但就是时至今日，繁华的徐家汇商圈依然只有华亭宾馆这个五星酒店存在。

华亭宾馆1987年开业，拥有780间客房，客房数绝对算得上上海五星酒店之最了。华亭宾馆当时最被人津津乐道的是弧线造型，以至于当时画施工图的老工程师至今提起来仍愤愤不平，这倒也是，当时没电脑，弧线要用曲线板加鸭嘴笔（这两样工具对当今建筑系的学生而言就是古董）在硫酸纸上描出来了的，这工作量是要死人的。

华亭宾馆拥有上海最早的景观电梯。最重要的是华亭宾馆诠释了什么是1980年代。裙房和大堂都用深红色的将军红花岗岩装修，金属装饰诠释采用黄铜，再配上黄色的室内灯光照明构成了那个时代的豪华的图景。

这种红金的装饰风格在建国、静安希尔顿、花园饭店、新锦江都可以看见。华亭曾经风华一时。我在1990年代结婚的朋友们不少也以选华亭宾馆为荣。

华亭对于上海而言是个重要的名词，它是松江的别称，秦朝得名，三国东吴陆逊受封此地。元代为华亭府，后易名松江府。上海县就在松江辖下，直到南京条约改变上海的历史地位为止。以华亭命名的旅馆，显然被赋予重要的历史使命，它一度的确是中国旅游业的旗帜，但到了21世纪第一个十年走完，它的标房价格也就约等于高级的四星酒店，它不再是旗帜了。

建国宾馆

徐家汇的建国宾馆在1990年代对于上海人而言，是个聚集日本人的去处，也是个喝咖啡的去处，代表了时髦和高消费。时至今日的上海，高级的日餐馆层出不穷，但建国宾馆依然主打日餐厅和咖啡，不仅自助餐厅为日式而且还招租了伊藤家。此外还有家口碑不错号称最正宗的朝鲜餐厅（不是韩国餐厅），平壤玉流餐厅。

建国宾馆有最多1990年代留日归来的上海人留连，它就像个Old fashion的去处让人时光倒流在短暂的1990年代中期的暧昧光环下。

上海宾馆

1983年91.3m高的上海宾馆终于摘掉国际饭店上海最高楼的桂冠。华东建筑设计研究院设计的这栋建筑是改革开放后第一家由中国人自行设计、建造和管理的现代化酒店，并以上海城市命名的旅馆。

1980年代在上宾喝咖啡是那个时代的高档消费。而它顶层的新花城长江第一鲜（即新花城酒店）是上海最早恢复提供港式下午茶的酒楼，也是当时上海最高、最贵的餐厅。尽管它已经从上海最时髦餐厅中消失已久，但它的鲍鱼火锅，红烧河豚依然有良好的口碑，这个年久失修的餐厅还维持着极高的消费名气。

龙柏饭店

1982年开张的龙柏饭店被称为上海第一家自行设计，自己建造，自己经营管理的现代化花园别墅式饭店，设计公司是华东建筑设计研究院。龙柏饭店在格局经营上和西郊宾馆以及虹桥迎宾馆很相似。设计师将旧上海几个私家别墅（其中一栋美丰银行别墅是邬达克的早期作品）结合40英亩的绿地圈在一起形成一个以名贵古树为庭园特点，绿化率高达85%的旅馆。1980年代的龙柏饭店承担了部分国宾馆的功能，基辛格，西哈努克亲王都曾光临。不过龙柏地处虹桥西侧，相对偏僻，随着西郊宾馆和虹桥迎宾馆的对外开放，龙柏变成一个被遗忘的幽雅去处。商务的定位则真正浪费了龙柏这个大好花园。

七重天宾馆

七重天对于上海的1980年代非常重要，因为开设过迪斯科舞厅以及楼下是最大外汇券交易黑市而名闻一时（充满了周立波所谓的打桩模子）。

但七重天的旧历更辉煌。茅盾对七重天有过如此描述，“七重天是诸多上流社会名流名媛、众多工商界精英及摩登人士聚会、社交的乐园；是许多上海人心目中梦寐以求、魂牵梦绕的顶级豪华娱乐场所。”“七重天”的品牌，可以追溯到七十多年前的上海。1915年，华侨郭乐、郭泉兄弟创建了四大公司之一永安公司。1932年，郭氏兄弟又建造了19层的摩天楼——新永安大楼，并在浙江路上空以封闭式天桥与老楼相连，成了南京路上最负盛名的景观。1937年，永安公司因在于新永安大楼的第七层开设的夜总会而注册了“七重天”。

现在当时最奢华的娱乐场所的现实是一家占据南京东路中段俯瞰世纪广场绝佳地理位置的涉外的二星级宾馆，几乎被人遗忘而完全风采不再。

海鸥饭店

黄埔路60号的海鸥饭店尽管于1984年建成，但它是上海距离黄浦江最近的酒店，甚至防波堤也为其所用。2000年被改成一个不伦不类的所谓“欧式”立面，坐落在历史悠久设计精良的浦江饭店和俄罗斯领事馆之间，这种整容失败的外貌有些显得虚假可笑。

远洋宾馆和大名饭店

1980年代的杨浦区对市中心的居民而言就是蛮荒之地。所以在提篮桥地区出现上海第一个旋转餐厅时，让虹口和杨浦兄弟颇为自豪了一番。所以在1980年代末和1990年代初，围绕远洋宾馆和其边上的大名饭店以及大名电影院形成了一个虹口杨浦的夜生活集中区，所以在小时候一直被父母警告不要涉足这个区域，一时间这里和东宫（沪东工人文化宫，游戏机集中地）一样，是禁地，是“流氓”地。但有趣的是，这个夜店区和俗称“提篮桥”的上海市监狱仅仅几步之遥。

经济大潮的推动下，原住民大都在拆迁造城的运动中搬离此地，由此周边地区活跃在1980，1990年代的粗放的舞厅，歌厅均已消失无影。远洋宾馆和大名饭店在这几年都做了改建，尽管两个宾馆都拥有最好的江景资源，但周边活力的丧失（无论这个活力是否干净）让这两个宾馆纵是再涂脂抹粉，也无法挽留不再的风华而沦为平淡无奇的建筑物。

致来不及追忆的八十年代

1980年代还是各机关招待所变成宾馆的时候，武康路泰安路的房地宾馆、余庆路的巨鹰宾馆和岳阳路的教育宾馆无一不是如此，好地段，有的还能占点老房子什么的，但就是设施陈旧，服务蹩脚，居然也能生存。

1980年代是个还来不及追忆的年代，对高速的1990年代和21世纪10年代而言，1980年代处于国门初开的时期，一切看上去显得粗放，笨拙和土气，但常常被忽视的1980年代的精神财富是自信，在舞厅、街头、商场、剧院和学校，1980年代充满了乐观和自信。1980年代的旅馆就是这些东西的产物。

上海就是个过滤器，你能在上海崛起固然不容易，但被遗忘却很容易，能够坚持并保有地位才是最难的事，但如果能够这样，便是传奇，1980年代的传奇在哪里？还要等等看。END

福州：记忆之城

撰 文 | 史枫
摄 影 | 祝文婷、史枫、mouse

我们总是习惯用发展的程度去评判一座城市的优劣，却在行进之间，忽略了它本身所具有的历史深度与丰富故事性。也许，城市的肌理不应仅仅与新兴建筑或公共设施相关，在街与道的罅隙间，它仍然渗透着记忆的温度，以至能让我们在一趟趟与之相谈的旅途中，重新连接上过往，而不会迷失于同质化发展的城市浪潮中。福州，从来都是一个与“旅行”二字不沾边的城市，我们从它古老的历史街区开始寻访：三坊七巷、老仓山、上下杭，它独特的建筑语汇与丰饶的城市脉络，向我们渐次剥开了这座古城所深藏的魅力。城市，亦与人息息相关，当深入接触了手艺工匠、饕餮客与当地茶人时，我们不难窥探到福州本身所蕴藉的发展潜力，更在与新生代潮流地标缔造者的交谈中，亲身感受到福州独有的热忱与活力。

迎向灵光消逝的年代

上下杭

若是要追溯福州的历史，还是要先从三坊七巷说起。自古被称作“榕城”的福州，不仅拥有千年古榕，更是代有才人出。古时，三坊七巷就是福州达官儒士的住所，若是登高鸟瞰整片区域，定会惊讶于它的体量浩大。可以毫不为过地说，三坊七巷就是福州历史的浓缩。考究它的建筑样式，主要为明清风格，却遗有唐宋光韵。以南街为中轴线，东巷西坊的“非”字形街区格局成形于唐宋时期，而分段筑墙则沿袭唐末传统，墙体随着木屋架的高低错落作流线起伏。不同于江南建筑中多数成90度角的直线阶梯山墙，三坊七巷的马鞍墙呈现曲线形，墙头和翘角皆泥塑彩绘，形成了福州古代民居特有的墙头风貌。

千百年来的崇文重教，让三坊七巷孕育出诸多文儒武将。走进严复故居、林聪彝故居、二梅书屋、水榭戏台、小黄楼等深宅大院，亭台楼阁、池石花木，依稀古制，流连忘返间，似乎还可触见昔日主人“仰以尊天道、俯以思人文”的精神肤理，正是“谁知五柳孤松客，却住三坊七巷间”，勾勒出那个独属福州“灵光乍现”的风姿年代。

如果说，三坊七巷代表了福州仁人志士、出将入相的荣耀，那么老仓山则是福州五口通商时代的印证，这里可谓是“万国建筑博览会”，将每个国家的建筑风格悉数道尽，而从烟台山远眺，便可望见闽江对岸的上下杭，这里曾是商帮巨贾、名流绅士汇聚之地。古时大庙山南麓沿岸南（上）北（下）两条大沙痕，成为天然的“上航”“下航”之“码头”，供来往船只装卸货物，繁华的商业街区因此形成，行栈比肩、钱庄林立、会馆云集，商品辐射全国，远销东南亚。

Tips:

三坊七巷游：在三坊七巷密布的名人故居中，二梅书屋、小黄楼和水榭戏台尤其不容错过。清代凤池书院山长林星章因为喜欢梅花，于是在书斋前种了两株老梅树，二梅书屋因而得名，作为福州最著名的古书屋之一，除了诗情画意的文人家居格调，假山雪洞、木雕灰塑、百年荔枝树、漆制插屏门，都能窥见福州的地域特色。出了二梅书屋，穿过塔巷，便可找到位于黄巷的小黄楼，这是福州最有代表性的古代私家园林，坐拥一千多平方米的占地，花厅开阔，廊桥悠然，亭阁玲珑生姿，园内有一清池据说与闽江相通，潮汐与共，可谓神奇。另外，小黄楼展出的匾额楹联藏品定会让你叹为观止，穿堂过室间，一片片牌匾的沧桑，如若一幕幕历史风雨，历历眼前。

老仓山游：一定要选择一个阳光明媚的下午，慢悠悠地逛仓山，随便走进哪一条巷子，你都能收获到一份与现代都市截然不同的老城景致。尤其是晚阳淡淡之时，宅子本身如同一个诗意故事，它的“破”而不修反倒更能让人连接上记忆中那个曾经繁盛一时的“仓前”。乐群路、立新路、槐荫里、公园路这一带保留着当年五口通商而留下的领事馆与洋房。如果走到对湖路，再沿着马场街小巷深探，就能找到“可园”、“以园”、“意园”、“梦园”等有着福州当地风格与西式建筑相融而生的“创意”民宅，据说当年梁思成与林徽因婚后度假即是在“可园”，竹径幽幽，古木苍然，引人寻思万千。

上下杭游：上下杭藏匿着无数的“饮食圣地”，在洋中路一带就可以吃到地道的福州小食，如锅边糊、豆芽煎饼、扁肉拌面、肉燕、笋饺、手打鱼丸、芋泥、花生汤、煎包……光听名字就令人食欲大动，而这些小店亦保留着旧时饮食店的模样，招待的都是街坊邻里，价格自然亲民异常。几件简单的木作家具，搭配花纹绮丽的南洋瓷砖，在这样清清落落的小店里，往往遇上老板淳朴的笑脸，让人不流连忘返也难！如果你再逛到学军路，就别错过自酿酒庄，林林总总的酒名用毛笔写于红纸上，再被悉数贴在酒坛上，不禁让人想起龙门客栈里的架势，当然，记得打上一瓶“蜜沉沉”再走。

老仓山

三坊七巷

寻找手艺的温度

"漆是有生命的。"

当我们与福州当地漆画艺术家陈孝铤聊到大漆时，他这般开门见山地介绍。在漆艺之中注入水墨情怀的他，对漆有着别样深厚的情感，"师傅会滴一滴大漆在盛水的碗里，让你喝下去，看你会不会被漆'咬'，就说明你与漆有没有缘分。"这个"咬"字，即是大漆过敏，并非所有人都能与漆接近。虽然大漆是纯天然采撷，古谚说："百里千刀一斤漆"，极言大漆之珍罕难得，但可能正是这般娇贵的漆，才配拥有特殊的脾气，而由它延展开来的工艺，也的确与其他传统工艺不同。首先，漆艺的制作完全"看天"，福州因其盆地地势，得天独厚地拥有了制作漆器必备的湿润气候环境。

很多人对于漆器的了解，或许还是从日本的轮岛漆器开始，殊不知福州一直是日本漆器的出口地。清末沈绍安所始创的"脱胎漆器"不仅是福州的三宝之一，更暗示着那个年代福州与"漆"相连的盛况空前。如今，当你再次走入漆器博物馆，应该会重识漆器。在这栋深宅大院中，出身漆艺世家的赵建伟与妻子胡韬毕生收集的心血被陈列在此，因为寄情于漆，让他们不远千里、不惜重金在国际购卖会上购回了大量漆器，只为历历再现各朝各代漆艺的风格特征与精美华姿。

大漆会呼吸，亦如人之肌肤，随着时间的流逝而衰老，出现"皱纹"，而这"皱纹"恰恰是时光最美的见证。最常见的漆"皱纹"就是古琴上的"断纹"，好风雅的古人还根据纹路的迥异而命之名如"梅花断"、"牛毛断"、"蛇腹断"、"冰纹断"、"流水断"、"龙鳞断"等。当我们刚来到漆艺保护基地时，恰逢手艺人们正在赶制一批底胎，在这个全然开放的场所，工具被逐一放置，空气里弥漫着大漆的味道，手艺人们自顾自地忙碌，整个工作坊也按照漆器的制作流程被细心划分。听说，单是这第一道"底胎"工序就要耗去手艺人一个多月的工时，更毋论之后饰纹等步骤的耗时费心，而正是这时间的长度与双手的温度，共同铸造了漆器独有的特质，恰如艺术家陈孝铤解读漆与水墨的共通之处——"枯而不瘦，润而不肥。"

漆艺博物馆

脱胎漆艺保护基地

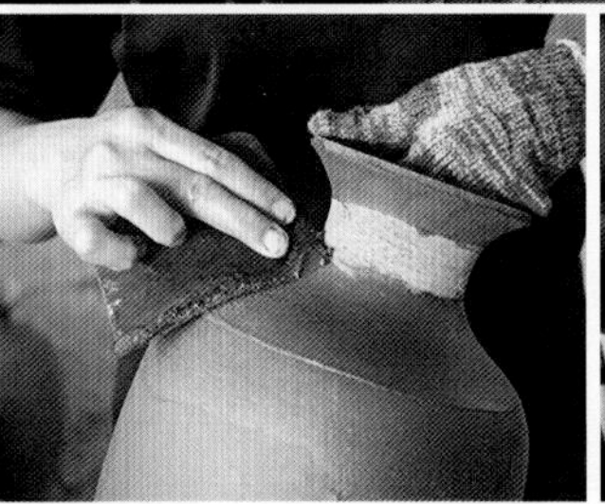

Tips:

若是要深度了解漆器在各个时代所呈现的风貌与气质，就不得不去漆器博物馆一探究竟，而漆艺保护基地则以开放的状态，迎接每一个对漆艺葆有好奇与兴趣的人们，来实地了解漆器的制作过程。

漆艺博物馆

地址：福州市三坊七巷宫巷24号林聪彝故居

漆艺保护基地

地址：福州市晋安区远洋路75号

电话：0591-83612475

食味·茶味·福州味

说到闽菜，很多人都会不约而同地提到高峰，他是福州当地出了名的古玩收藏家与饕餮食客。因为自己爱吃，又挑剔吃，更想做点与众不同的吃，就应运而生了“宣和苑”私房菜。翻开食谱，单看菜单设计，就知道这里的做法必然是依循古味。也难怪，坊间传说最好吃的“荔枝肉”即是惟“宣和苑”一家。格外钟情于吃的高峰将“宣和苑”的食道精神定位于：“爱折腾”。在他看来，闽菜格外考验食材之鲜与功夫之深，从食料的筛选再至烹饪的细枝末节，高峰都亲历亲为，誓把每一道菜的“原味”——食材之本味与做法之古味还原出来。高峰笑道：“你去福州满大街只能吃到‘南煎肝’，而我这里没有‘南煎肝’，只有‘两煎肝’！”，原来通过古书考证，细心的高峰发现“南煎肝”是个误称，“两煎肝”方为正名。兴许正是这份孜孜以求的专注，使得“宣和苑”在同类私房菜馆中脱颖而出，每逢节假日，更是一席难求，得提前多日预订。

“宣和苑”坐落于华侨新村的一栋二层别墅中，高峰本职工作是建筑设计，曾经主领三坊七巷改建工程，但他却将“宣和苑”布置得平易近人，甚至有些不加修饰。倘若仔细寻想一番，就不难发现他的“用心良苦”——几十年积累下来的老家具皆是闽地款样，被错落安置在各个角落，墙上挂的则是福州艺术家唐明修的画作，真可谓是让人从味蕾至视觉，皆能满满尝尽地道“福州味”。而追寻“福州味”除了吃食，更不能落下品茶。与闽南地区喜饮铁观音截然不同，福州人似乎更为“小资”地喝茶，在这里武夷山茶是主流，本地亦盛产特级茉莉花茶，而茶类的丰富，直接引向茶器的讲究。

“漆茶古坊”的主人陈四哥就是茶器行家，二十多年的高古瓷收藏经历，让他对各个朝代的器型了然于胸，不但收藏了大量建盏（宋代点茶用盏定式）、紫砂壶（明代饮茶惯用茶具）用以研习茶器，更在琢磨如何打造富有福州当地气质的茶器具——将传统的漆艺化作一杯一盏、一盒一盘，大漆茶具温润异常，在精美的摆设陈列中，将茶之“精气神”悠悠延续。

精研于茶器的，还有艺术收藏家李敏宁，他一手设计打造“汉脉”艺文空间诚如其名，精于形，隐而显，整个空间以皮宣糊墙，更折以巧妙隔断，营造“一进深一进”的宅院格局。点缀于空间各隅的，则是他千里迢迢从江苏搬来的太湖石。说实话，静坐在这样的空间里，未见茶器，已然雅意。再喝上一泡老枞水仙，说不明是茶境，还是禅境。

漆茶古坊

漆茶古坊

Tips:

宣和苑：福州市鼓楼区西二环路华侨新村内 32 号（近军区总院）

人均：117 元

推荐菜：冰镇鱼唇、荔枝肉、两煎肝、红菇炖螺头、鸭露煮粉干、炸糟深海黄瓜鱼

预订电话：0591-83737867

漆茶古坊：福州市鼓楼区井边亭 12 号（毛家村对面）

电话：13905010087

汉脉：福州市鼓楼区湖头街 89 号双安城 1 号

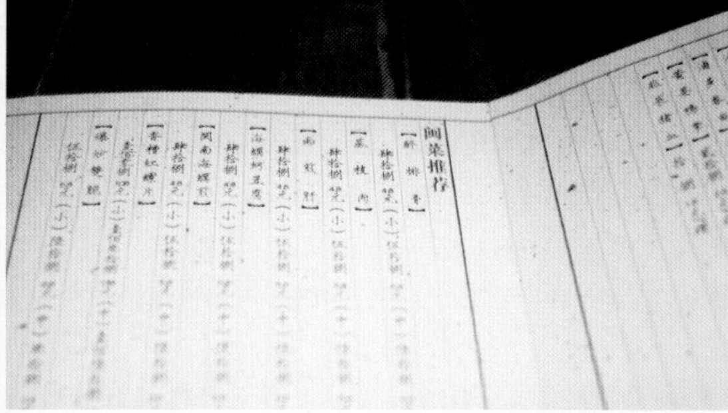

宣和苑

新地标·心创意

这是一个诚惶诚恐说“创意”的时代，谁都怕一不小心落了“创意”的俗套。虽说福州城不小，却似乎总是“慢半拍”，当别的城市咖啡馆早已遍地开花，福州咖啡馆仍然屈指可数，这可能与福州人的心态不无关联，慢工出细活，稳打稳做，要做就要做出“心”意来，而非“创”意。

这两年来，福州似乎终于“接上了轨”，雨后春笋般冒出了新的潮流地标，细数其间，耗费心血打造的确乎不少，更令人称奇的是，我们这趟走访的新地标主人，居然无一例外皆是新一代年轻夫妻档。其中，Goodday 的主人 ahuo 是福州本土杂志《homeland 家园》的视觉总监，具有超群审美力的她，格外钟情于 Shabby Chic 的设计风格，店里座椅把把不同，每一把都有着自己独然的复古姿态与故事："有的来自于乡下外婆家的旧藏，有的则是小区门口的那些露天椅子，就是老人家白天闲聊时坐的，我们深夜去搬，还被保安追，最后花钱买回来，我重新给做皮质包镶"。对福州了若指掌的她，亦对福州充满深厚的感情，在上下杭搜来的老木板，被她漆成斑驳的复古绿，装点成吧台，气场十足。如今，Goodday 已是城中当仁不让最 HOT 的小酒馆，在这里喝上一杯鸡尾酒，跟 ahuo 闲聊福州的过去与未来，不失为了解这座城市的最佳方式。END

Goodday café & bar

Tips:

Goodday café & bar：店主 ahuo 是媒体人，而她的先生 FLY 则是音乐人，毫无疑问，音乐亦是 Goodday 的组成部分之一，除了举办一些现场音乐活动，稍晚些 Goodday 还会放映经典乐队的现场 LIVE 演出，如果你还会 jam，那么完全可以跟 FLY 即兴玩上一把。

地址：福州市鼓楼区达明路 138 号 8 座 12、13 号

电话：0591-87891709

森林图书馆：听说书店的经营都难以为继，那么一家私人图书馆又会是何等的模样？曲折找到隐于上下杭一栋老厂房内四楼的森林图书馆，我们得到了解答。LK 与 aa 是夫妻，亦是图书馆的两位馆长，在这个被绿意植物盛满的环境中，呼吸也开始变得清透，而看书人专注的神态则令人印象深刻。藏书大部分是欧美文学，据说是 aa 当初从上海一本本运至福州。

地址：福州市台江区洋中路 338 号金银首饰厂 4 楼（近文化宫后门）

电话：18606999604

森林图书馆

森林图书馆

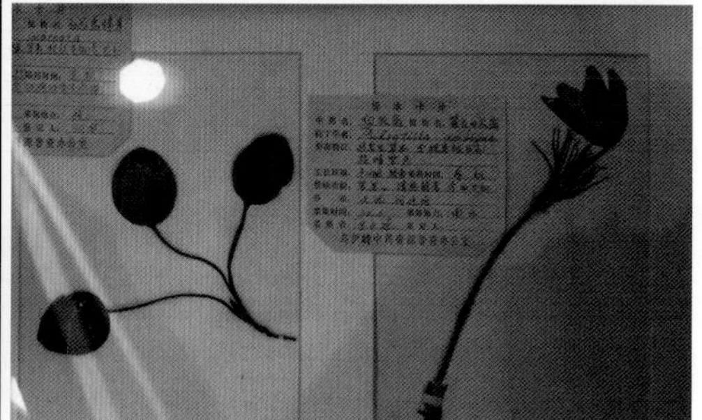

Tips:

微焙咖啡工厂：从墨尔本归来的黄超和林娟夫妇打造了如今在中国业内远近闻名的微焙咖啡工厂，整个空间设计来自于澳洲设计师的手笔，一脉相承墨尔本当地流行的“工业风”，粗犷中见精致。他们不遗余力地推广精品咖啡（Specilty Coffee），希望能够改变市场现状与固有观念。在这里，你能尝到的不仅仅是一杯好咖啡，热情的林娟更会无私地分享关于咖啡的一切，几次微焙经历之后，不想成为一个“咖啡行家”也难！

地址：福州市苍霞路 13 号青年会大楼 203#

电话：0591-83258592

纯真博物：店主黄熙是《生活》杂志的摄影师，乐于摄影的他亦精于咖啡之道，而他的妻子方方也是一名出众的摄影师，更深具时尚慧眼。如其名般，素净纯白，黄熙将“白”定义为空间唯一的色彩，甚至沙发座都被逐一包上了白色的沙发套。而作为一个复合形态的空间，这里既是摄影棚，又是咖啡馆，也是时装买手店。

地址：福州市艿园一号文化创意园一楼

微焙咖啡工厂

PROBAT

B6
B5 182mm x257mm

微焙咖啡工厂

純真博物
F-CC-A

A DAY
IN THE
LIFE
OF _
F'oto
攝影
C'afe
咖啡
A'rts
畫廊

The No.1 Fashion Buyer

纯真博物

当业主来敲门

撰　　文｜雷加倍
对谈时间｜2013年5月10日

雷 前些日子，有一个共青团体系的房地产开发商来找我们做项目，整体有40万m²的规模，包括酒店等综合体。他们请我们先做一个PPT介绍背景和想法，汇报时我才发现还有4家公司被邀。这4家的水平跟我们完全无法等量竞争，于是轮到我发言时，我就对着满屋子人说："各位领导，谢谢你们垂青我们，只是我很少比图，也基本不参加投标，我先走一步。"我起身走到门口，就被拦住，只好应付差事。

因为在场的人都很陌生，我讲了不到十分钟，主要围绕我的个人介绍展开，然后我说："作为评判设计的会，你们知道怎么样评价一个好设计吗？我都不知道怎么判断一个好设计，你们怎么就能凭着你们的概念知道5家里面，哪一家适合你们？"

倍 你简直是在给他们上课啊。

雷 对啊，他们这样的操作让人实在不爽。

倍 你知道像他们这样的政府项目，不比图是不可能的。

雷 对，我又不知道，我没这个经验啊。他们任务要求上说要一个"全新的设计"，我不知道什么叫全新的设计。我在会上说"全新的设计是由内而外的，首先要看设计师是不是一个由内而外的人，假如他只会抄，永远是亦步亦趋。"

倍 呵呵，但对于国企来说，是这样的，语焉不详，形容夸张。建筑要求也大多是这样，比如"50年不落后"，让人无语。

雷 我在20多岁时，就希望自己长得苍老，因为设计师如果没有一个苍老面孔，没有一定的经历和学识，是没有办法去应对那么复杂的状况的。

我现在终于开始苍老，我的白头发有真有假，但看上去挺像回事，大家开始相信我了。这种相信，和我的背景、经历、成绩有关，我觉得我们可能正处于职业最辉煌的时候。我觉得只有遇到合适的业主，你才可以真正地做设计；否则即使收了设计费，但在做的过程中也会发现磨合度不够、默契度不够、实施度不够，最后两败俱伤。

倍 什么样的业主算是合适的业主？

雷 合适的业主，也就是从内心尊敬和接纳你的业主。好的业主，就像可以激起男人欲望、热情的女人，可以永续地发掘对方。举个例子吧，外婆家的老板W，为了他们在南京的新店，我这个本不是很用功的人开业前在工地上待了3天。

倍 那你去3天和不去3天有区别吗？

雷 区别很大。设计气氛的把握，一方面在于细部考量，一方面在于灯光设计。如果没有我们在现场的眼睛，灯光怎么控制？我去现场一看，觉得灯光还有点闷，怎么办？我本来要10台以上的投影仪照亮部分墙面，但价格很贵，那就换成幻灯机，幻灯机价格大概是投影仪的十分之一，还给人怀旧的感觉。

每个在等候区的来宾都可以摆玩幻灯机的按钮，甚至其中有"此顿打八折"的图片，所有人就会产生参与感。有了幻灯机就有图片的闪动，有了图片闪动，就有光效和设计产生。

倍 知遇之恩成就设计和设计师。枪再好，如果没有人扣动扳机，也没用。其实任何值得信赖的长久关系的建立，包括夫妻关系、朋友关系、甲乙方关系……都有彼此的付出，都是要不停地相互挖掘的。

雷 是的，在这种状况下，人浑身是充血状态，每天都到晚上10点后才歇息。开业后，他来找我，说"我们是一流企业，你们也是一流企业，我要给你涨设计费，你们应该有更好的报酬。只要你打听到，全国餐饮设计收费谁比你高，我们就涨上去。"W把自己定位成一个设计的发烧友，他说："我很爱设计，跟你们在一起也很开心。钱对我们这样的企业来讲已经不是最重要的了，我们已经过了原始积累的阶段。"甲乙方之间总有互相利用的地方，但如果真的惺惺相惜，以诚相待，利益的因素就会被稀释得很少很少。

倍 我觉得这样的业主真的太难得了，不仅有识人的慧眼，还有运筹帷幄的能力……如果那3天没有他们公司的团队和你配合，就算一个再负责再智慧的设计师都爱莫能助。

雷 W公司的团队非常好，有一种向上的力量。配合设计师的有几个年轻人，只要我有想法，他们就马上去执行……跟他们在一起非常愉快，到最后的时刻，我已经兴奋得自己开始在墙面上画画涂鸦了。

倍 其实设计师就宛如一个演员，他（她）的激情是创造的源泉。对一个爱惜羽毛的设计师，最好的方法就是尊敬他（她）、信任他（她）、理解他（她）、帮助他（她），他（她）就会恨不能把所有的灵感释放出来给你。

雷 对。我想起另一个业主，他的一个餐厅装修到了最后阶段，我自己去现场调整把关，他只派了一个经理跟着我，只要我一出主意，他就说："沈老师，你帮我实现吧。"我只好匆匆走人。

倍 W也教会我们怎么做一个业主。其实对于员工来说，我们也是业主。真是太惭愧了。

雷 是啊，他自己常说："我是一个服务行业的人。所以我会对别人比较谦和。对员工对客人都是一样。"在他提议涨设计费的第二天，我就和我公司的员工讲：从前我们的团队能往前冲，是因为大家之间都有长期相处的恩情、友情、师生关系；而现在新人越来越多，彼此的连接难比创业初期，希望每个人能从我们的项目、我们的业主身上看到希望。

倍 怪不得W能做得这样大呢。治大国如烹小鲜，他举重若轻还事无巨细。看来他不仅收获了一个优异的设计师，还收获了一个两肋插刀的兄弟。

雷 可以这么说。前几日我与W及其许多餐饮界的同行一起酒宴，我酒后不禁向大家剖白：想要一个好设计，请你们自问有没有一个像外婆家一样的跟我们对接的团队；想请我们做设计，请你们自问是否了解我的强项是什么，弱项是什么。然后某业主就说，"你的话我听懂了，设计费随便你开，风格你定。"

倍 其实这样的项目和业主已经非常不错，因为不管怎样，他们经营自己的生意，关心设计，关心成果。我们的一些业主其实是虚无的群体，比如签约的是政府部门，给钱的是投资公司，执行的是个建设公司，彼此忠诚度的培养真的会很难。

雷 但是你们的设计能做成这样，证明了建筑市场要比室内设计市场规范。

倍 冷暖自知啊。从我的角度来说，我觉得设计实现的最重要的一个环节，是施工队。你们的项目大多使用你们自己合作多年的施工队伍，图纸可以省不少不说，现场监督和调整都比较容易；但建筑设计师对施工队比较难控制，不由建筑师选，过程中也没有介入权力，加上一个项目施工有土建、幕墙、钢结构等分项，综合协调更加困难。

这种问题催生了我们公司工作的另外一个领域：项目管理。我们第一个设计连带项目管理的案子很小，4 000m²，总投资两三千万，但我们负责设计及其设计管理、工程管理、施工组织、报批验收等所有组织管理工作。我们还有很好的具有国内和国际建设经验的项目经理团队。这种更加深入的设计工作实际初衷只是为了设计成果的最大程度的实现。

雷 我想到了我碰到的一个十分糟糕的业主—— 一个服装上市企业的老板。刚开始接触时，他标榜自己很有品味，声称对设计要求很高，于是我做了一个很炫的概念方案给他，他看不大懂，总结说："这个方案，跟我门口的理发店差不多。"我当场语塞……

倍 这样真的非常不礼貌……

雷 这个老板说，"你用黑玻璃？"大概他家门口的洗头店用了很多黑玻璃，可是他见到的这样的黑玻璃都是最丑恶的；对于那种欧洲常见的、高质高格调的黑玻璃，他不知道也没概念。更可怕的是，方案中我着意的闪光点，他都否定；我不在意的，他全喜欢。接下来，我就放弃了，让公司里其他的人接手，由着他，方案就通过了。施工了20天，他约我见面，说："现场效果太差了，你们怎么会做出这样的设计来？"言毕他带我去看一个他心目中最好的设计，我郁闷地随他一看，立即心理平衡了，因为他带我去看的东西，就是我最最看不上的东西。我们完全牛头不对马嘴，他还要以自己的审美来攻击我的审美，我最后就急了，发了一顿火，说"你听好了，我是专业的，我跟你打个赌，这个空间你不要拆了，我来改，做完了以后假如反响不好，装修费用我来掏。"他只好说："我听你的。"

倍 你就用这种泼皮无赖的方法征服了他……

雷 没有办法啊，已经被他精神折磨得……你知道，做这样的事情，真的要短命的。

倍 唉，我们的很多建筑设计的业主都是上市公司老总和政府部门，他们很多时候说话都是一点不讲情面的。

雷 所以我真不想把公司做得很大，我需要去选择甲方，我要去挑选那些我喜爱的，或者即使不喜爱，但能尊重我的意见的。

倍 是，即使他愚蠢一点，但不要自以为是都可以。

雷 自以为是的业主，还有一帮"打手"争相附和。这帮人完全不懂，老板满意，他们就大声叫好；老板否定，就翻脸不认人。

倍 马云怎么样？

雷 我们讨论方案细节，他推门进来说，"你们讨论方案啊？"其他人邀请："马总，你进来看看。"他说"我不看，我就看一下我自己的办公室部分，看完我就走。"

倍 我觉得这样也是聪明人。

雷 是，这样一来，也是向公司下面的人表明，他很相信我们公司，他们也不会太挑毛病了。

倍 而且做事的人也会负责，不会特别推诿。

雷 今年我做了一个新疆餐饮企业的案子，董事长很强势，看了方案，一言不发，5分钟后说了一句，"这个都不符合功能啊。"于是我说"我们有做餐厅的很多经验，如果你运用自己的经验，去否定别人的体验，来判断设计的好坏，你的企业难以发展。"

倍 唉，这种情况，真的就无法解释。就像上次Z找我做别墅，提了3个要求，第一要快速收回投资；第二要做足容积率，4层叠加别墅的项目要做到1.3的容积率，密到不能再密；第三做得有故事，与众不同。

我做了一个合院组合方式的别墅排布方案，总平面上也做了调整，Z的设计顾问说：太好了，就是要这样的合院。销售顾问说：南京人就喜欢买现成的房型，我们是销售期房，他们听不懂合院的概念，就不会买。

我倒是挺理解的，连解释的心都没有，心的距离太大，解释的效果太有限，我非常明白这种处境。如果业主还没做好接受任何一种设计、创造和优化的准备，为什么不直接使用市场上成熟的火柴盒模式和户型？经历了马拉松般的讨论之后，Z的结论是：合院就不要了，房型参照已有的，你们再帮我们想想，一定要给我个设计的故事。我闹不明白：设计就是空穴来风吗？那我直接去设计楼书好了。

雷 有一对苏州夫妻业主来找我们做设计，女孩笑言："如果我有外婆家的实力，就把你包起来。"我听了这句话很不开心。我真想说我爱我所有的甲方。业主有一个胸怀的问题，设计师也有一个胸怀问题，有了这种胸怀，再加上为人处事的尽力，才可以把事情做好。

倍 我倒是想起来我的另一个业主。帮他做项目时我还在读研究生，他语重心长地嘱咐我，"无论再优秀，设计师都是吃百家饭的，你应该以不再吃百家饭为自己的奋斗目标。"看来在他的感觉里，设计师就是要饭的，呵呵。

雷 业主真是各式各样。其实什么样性格和处事习惯的人，就会碰上什么样的业主，就像什么样性格的男人和女人，就会碰到什么样的对象。比如有的人很喜欢比较世俗气的业主，当他碰到清高的类型，他就会觉得难受。

倍 我觉得业主的成熟度和设计师的成熟度需要契合才有可能合作。一个成熟的业主碰到不成熟的设计师，不行；一个成熟的设计师碰到不成熟的业主，也不行；但一个不成熟的设计师碰到一个不成熟的业主可能就可以，就瞎搞。

雷 现在我对待业主的方法，也是不得不"摆谱"了。到了这个年纪，名声在外，很多业主会找上门来，甚至你越"摆谱"，他们越趋之若鹜。

倍 名气的确十分重要。以前我觉得杂志圈、学会圈的出镜率都是行业内的"自我嬉戏"，图个乐。比如评奖，隔三差五都能收到几个评奖邀请，花些代价评一个大奖什么的，我觉得谁会这样扯淡，不如自己买两个有机玻璃刻一刻不就行了吗？现在逐步意识到，这个也是重要的。有一次我看到一个设计师朋友接电话，一项目的业主初次来电咨询，朋友说："你先和我的助手联系。"然后助手接电话，说："你们先在网上查一下我们老板，查好了再来谈项目"。我听后有恍然之感。

雷 现在有些奖搞得还是蛮红火的，全国各地搞活动。其实大部分人习惯从众，更何况还有无知更多数。白纸黑字的力量、媒体的力量，对于年轻人来说，更强烈。

倍 真是，就像十佳金曲奖、最佳新人奖一样。我有个朋友在某早报负责一个介绍设计名人的版面，请我去接受采访，我觉得他们编辑不太专业，就先介绍了一个年轻朋友去，这个朋友事后很开心，还给了媒体几个大红包，我不禁觉得非常奇怪，某早报和设计有什么关系啊，怎么帮他们做版面还要给他们钱。当然现在我觉得这确实可能会造成一定的市场效果。

雷 有用的，就上次上海展览馆做活动嘉宾的那次，下台就有一个山西矿老板通过学会转给我两张名片，说要来找我做设计。

倍 看来江湖有江湖的规则。

雷 呵呵，从善如流有时候也是对的。清流是流，浊流也是流。

倍 其实此流非清非浊，但确实跟我一贯以来的习惯完全不同。很有意思。机缘总是错综复杂，最终还是要自己做得出类拔萃才是。如果你只比别人高出一个头皮，众人之中仍难以辨识；如果你比别人高出一个头，那大多数人都很难忽视你，所以最重要的还是把自己做到特别高的状态。END

Odile Decq：设计就是要打破常规

撰　文 | San
资料提供 | Maison&Objet

继2006年Jean Nouvel, 2008年Zaha Hadid及2011年Edouard FranCois之后，法国设计师Odile Decq女士获得了2013巴黎家居装饰博览会年度设计师。巴黎家居展的vivant主题刚好与这位时常打破常规，在造型上寻求突破，又表现出惊人活力的设计相得益彰。今年秋季展会将于2013年9月6日~10日在巴黎北郊维勒蓬特展场举行。

批判与怀疑成就建筑魅力

Odile Decq1995年出生于法国拉瓦尔，于1978年从维莱特毕业后开始从事设计工作，同时攻读巴黎政治大学并获得城市规划硕士学历。在1980年代中期与生活工作伴侣Benoit Cornette联手创立了自己的建筑事务所Odile Decq Benoit Cornette(ODBC)，这对活跃而又个性鲜明的设计师很快吸引了全世界的眼球，他们打破常规的创意，以及对材质、用途、主题、技巧、风格等都抱着怀疑的态度，被称作法国高技派的领袖人物，解构主义的代表，也是艺术与时尚杂志的常客。更重要的是他们开放性的设计概念与作品总是引起大家的关注与期待。伴随着设计作品接二连三地获奖，这也奠定了Odile Decq这位朋克叛逆的设计师在建筑行业的地位。

1998年，Benoit Cornette在一场交通事故中丧失了生命，二重唱变成了独奏曲。但是，Odile Decq一直对他们共同努力创造的事业怀着感激的心情和坚定的信念。在过去十几年时间里，Odile Decq的作品变得越来越个性化，并且其作品的创造性和质量都达到了一个新的高度，实现了一种精神上的彻底解脱，同时也使作品比以往任何时候都更加深刻和有力。近年来Odile Decq依次于2010年完成了罗马MACRO当代艺术博物馆，2011年巴黎加尼叶歌剧院餐厅，和2012年位于法国布列塔尼地区雷恩市的综合项目FRAC当代艺术博物馆，这些项目案例无一不令外界震惊，而同时又不得不暗暗赞叹。

巴黎加尼叶歌剧院餐厅内嵌在一个历史建筑中，参观者在经过立面上的柱廊之后方能进入这个曲线形的空间。建筑师小心翼翼地将这个夹层嵌到古建中，以免触碰到历史悠久的墙面、柱子和顶棚。新加建的当代建筑向传统的拱形石材顶棚致敬，保留了大部分细节设计，没有做很大改动。餐厅能同时接待90位客人，隐藏的钢板下方悬吊了一个巨大的楼板。玻璃墙面将餐厅包围，让新加建的部分与原有建筑隔离开来。白色的结构体与地面相连，创造了一个有机的支撑结构。醒目的红色座椅、长凳和地面营造了一种戏剧性的效果，让客人们联想到曾经在这座剧院上演的剧目，歌剧院幽灵。

1	2
3	4 5

1-2 罗马 MACRO 当代艺术博物馆
3 设计师照片
4-5 巴黎加尼叶歌剧院餐厅

设计从艺术中汲取养分

在当代文化的领域，电影和艺术深深影响着 Odile Decq。从 Donald Judds 的空盒，Richard Serra 的金属构筑到 Robert Irwin 对光线、色彩和空间的探讨，她的设计从当代艺术中得到启示。电影是她津津乐道的，“电影中没有任何空间是不运动的，在我们的建筑中，你也不能从一个视点了解全部，你必须在运动中体验空间。”在 Odile Decq 看来，现代建筑是一个连续性的实验，追求抽象的、理想的建筑之道，而当代社会的变化则要求建筑满足复杂性的需求。如同电影创造的空间，人在建筑中的移动与其产生的多变性丰富了空间的感知。

在近年的建筑实践中，Odile Decq 开始重视建筑与当地城市、自然相结合的做法，她主张建筑师对基地复杂地形与环境的掌握就是对当地城市文脉的尊重，就是对当地历史文化和传统习俗的尊重。Odile Decq 秉着这一设计原则，不仅使她的作品极具个性和感染力，同时也使得她在延续城市文脉和保护历史文化遗产等方面为当地的生态环境所作出了非常重要的贡献。

人物简介

Odile Decq，法国著名的女建筑师，其前卫的建筑风格和理念，和对事业的执著精神使她在世界建筑领域有着重要的地位，并成为世界女性建筑师的代表人物之一。她曾获威尼斯双年展金狮奖及英国皇家建筑协会国际会员等殊荣，2003 年更获颁法国荣誉军团骑士勋章等。

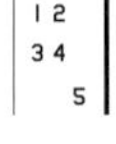

1-4 工业设计作品
5 法国西部人民银行

2013年3月20日，裸心集团携手美国绿色建筑委员会（简称USGBC，LEED绿色建筑评级体系建立及推行机构）于莫干山裸心｜谷度假村举行新闻发布会，宣布裸心集团旗下品牌裸心｜谷内的树顶别墅和夯土小屋获国际LEED绿色建筑铂金级认证，同时裸心｜谷成为中国首家获此殊荣的生态度假村。我们就相关话题对USGBC国际业务部副总裁关芷芸女士进行了采访。

裸心|谷获 LEED 绿色建筑铂金级认证

ID =《室内设计师》

关 = 关芷芸

ID LEED 绿色建筑评级体系评估过程是怎样的？

关 LEED不是法律法规，只是一个能提供解决方案框架和指导的评估系统或沟通工具而已。很多拿到LEED铂金级认证的项目，最终目标都不是LEED认证，而是通过LEED这个工具建立系统性的思考方式、引导一些决定，在设计、施工、运营和维护一个项目时，更好地考虑可持续性发展，一小步一小步往绿色可持续的方向走，最终做出高质量的环保项目。我们作为独立第三方提供评估，评估团队会跟项目实际操作者进行沟通，在沟通过程中，他们会根据我们的评估意见进行改进，直到项目满足LEED认证要求，然后获得相应认证。LEED的目的是使项目依靠所采取的策略实现在人和环境健康方面的高效能表现。

ID 裸心｜谷项目的得分点有哪些？

关 不管哪个国家，LEED评分要求都一样。LEED基本内容包括可持续场址、节水、能源效率、材料选用和室内环境质量，每个内容都对应一些分数。裸心｜谷项目得分最高的应该是节能方面，40栋夯土小屋采用当地自然建筑材料，并用先进新型的可持续建筑技术夯土墙体（SIRE墙体）建造；还将结构隔热板（SIP）引入30套树顶别墅建筑中。比起传统的建筑技术，这两种独特技术在节能方面都有很好表现。

其实绿色建筑的核心概念并不是非常难理解，但理解是一回事，真正做事是一回事。裸心｜谷项目从头到尾都有当地人参与，带动了本地人的就业，附近小村子受到很好影响，村里人的生活水平提高了，项目跟当地产生的这种很强的关系，虽然不会让项目多得LEED分数，但裸心集团对可持续性发展的承诺就从中表现出来了。得到LEED认证不是最终目的，我们还是希望能找到一些伙伴，他们能长期支持绿色建筑和可持续性发展，而不是拿到LEED认证后就不做可持续发展的事了。

ID 推广绿色建筑过程中有遇到过哪些困难吗？

关 最大的困难是改变观念。因为人类看见新东西首先就是怀疑。比如很多中国本地公司刚开始会觉得：第一，“绿色建筑太贵”，其实这最主要在于怎么看成本，做绿色建筑比如只是一次性增加2%成本，但一年的运营和维护成本可以降低20%，而且这种运营和维护成本的降低是持续存在于建筑整个生命周期内的；第二，他们觉得“发达国家能做，发展中国家不能做”，但现在中国已经有好多绿色建筑，如香港、台湾等地区很多项目都是LEED金级认证以上，中国项目完全有能力做到LEED认证，就看有没想法和耐心去做；第三，他们觉得“中国没人会重视这个事”，我倒觉得中国人非常聪明，能分辨出好东西，尤其在经济能力上升时，会越来越关心环保和绿色建筑，但我们也要和他们沟通好绿色建筑的优势来自哪里、对他们有什么好处、对他们的孩子有什么好处，而对于经济情况不是非常好的人，绿色建筑也可以作为提高生活水平的解决方案，比如裸心谷项目，就对当地人有非常好的影响。END

西岸 2013
建筑与当代艺术双年展 10 月开幕

撰 文 | 卢知非

“已经有这么多的双年展了，再多一个双年展有什么意义？”高士明在西岸 2013 建筑与当代艺术双年展新闻发布会上说。这个问题显然在以张永和、李翔宁和高士明牵头的首届西岸双年展组委会那里得到了解决。为了解决“双年展”疲惫症，策划团队打出了一套糅合建筑、声音、影像、表演和装置多种媒介的组合拳。

由徐汇区政府主办的“西岸 2013 建筑与当代艺术双年展”将于 2013 年 10 月在徐汇滨江开幕，用两个月时间创造一场新世纪最大的户外艺术展。这也意味着徐汇滨江“上海西岸”开发进入实质性阶段，未来随着一系列现代美术馆、东方梦工厂等项目的正式完工，这里的开发体量将接近于再造一个小陆家嘴，最终目标是成为与巴黎左岸、伦敦南岸齐名的国际城区。

本次双年展将于 10 月 19 日正式开幕，12 月 15 日结束。展览将着眼于空间建造、艺术生产、未来想象 3 个层面，以回望和营造为主题，联动建筑、当代艺术、戏剧等艺术门类，结合浦江西岸的现场基地，打造国际性跨领域的艺术前沿阵地，呈现一场新世纪最大的户外艺术展。

对于西岸双年展与已经举办多年的上海双年展有何区别？此次展览总策展人、美国麻省理工学院教授张永和表示，西岸双年展不是传统的关在美术馆里举行的双年展，而是将跟城市一系列公共空间与展览场地无界限融合。“来参观展览的人可以是专程赶来的，也可以是随意散步，偶然走过来的。”

在考察了老上海水泥厂地区之后，策划团队把双年展分为了主题展 reflecta（进程）和环绕展 fabrica（营造）两部分。其中在水泥厂厂房里举办的主题展又将分为实验建筑，实验影像，声音艺术和实验戏剧 4 个部分。实验影像由郭晓彦和另一位策展人主持，实验戏剧则有久未露面的牟森操刀，“声音艺术展将是目前内地规模最大的一次”，高士明介绍说。据了解，上海水泥厂由民族企业家刘鸿生创建于 1920 年，是著名的工业遗存，而预均化库的建筑体量超过 7 万平方米。届时，这里将上演全新的云戏剧，跨媒介、超链接、主题式、开放体戏剧。

而在外围，张永和邀请了来自国内外的 12 位中青年建筑师一展身手，“这 12 位建筑师又恰巧都是学院的教师，所以有点华山论剑的意思”，张永和开玩笑说。这些外围项目

在多次参加上海双年展的张永和看来正是本届双年展的灵魂所在，“西岸双年展将不是盒子里的双年展，而是在两年中不断滚动生成的计划。”

据另一位策展人、同济大学建筑系教授李翔宁介绍，室外展将以“营造”单元为核心，选址在西岸的滨水开放空间室外场地，契合 Pre-Fab（预制）+In Situ（现造）理念，邀请国际知名的建筑师与艺术家在地创作，呈现关于当前设计的思想激荡与彼此呼应。参加设计建造的国内外著名建筑师包括张永和、王澍、刘家琨、都市实践、大舍、李虎、曾群、王方戟、塚本由晴、Mike Lee，Micheal Bell，SHL 事务所、Anton Garcia Abril 等。部分建筑还将具有社区功能，未来将永久留存在黄浦江西岸。END

The Leading Hotels of the World: 光影旅程 85 载

撰 文 | Bella

旅游在电影中无处不在，并启发人们走出日常生活，探索广阔的世界。电影与旅游业向来相辅相成，为了向此致敬并庆祝 The Leading Hotels of the World 及奥斯卡金像奖颁奖典礼双双踏入 85 周年，Leading Hotels 特别将焦点集中在旗下成员酒店。Leading Hotels 制作了全新的网页 LHW in the Movies，介绍了 85 部电影、它们都是于 Leading Hotels 的酒店实地取景的，网页亦包括连串电影的幕后花絮及拍摄期间的轶事。

电影中的每间 Leading Hotels 酒店本身已是明星，而研究结果亦印证了电影与旅游之间的密切关联。根据一项由 TCI Research 进行的调查估计，去年约有 4 000 万名国际旅客选择目的地之主要原因，是曾观赏一部于该国家拍摄的电影。

无论是于城堡酒店 Ashford Castle 拍摄的《蓬门今始为君开》、在 Le Bristol 酒店取景的《情迷午夜巴黎》、以 La Mamounia 酒店作背景的《擒凶记》，以至在伦敦 The Ritz London 摄制的《摘星奇缘》，这些经典电影的编剧与导演之所以选择将故事背景设定于该处，皆由于他们曾被其他电影的画面所触动，对那些海外地点留下了深刻印象。毫无疑问，他们的电影作品亦启发了其他旅客到访片中地点。85部电影，85 间酒店，85 个精采故事有待一一披露。

The Leading Hotels of the World 总裁暨行政总裁滕绍祥先生表示："一直以来，好莱坞的编剧及导演均非常欣赏我们旗下酒店所流露的神秘感，并选择以之作为电影拍摄背景；而他们的作品亦启发了众多探索遥远国度的梦想。80 多年来，Leading Hotels 皆致力让旅客成功实现这些梦想。我们协助宾客深入了解其他文化，并让其有机会切身体验当地地道特色，我们在这方面已拥有 85 年历史，并引以自豪。"

在全新酒店指南里，部分酒店页面会出现 🎥 符号，表示该物业曾于大银幕亮相。

成立 85 年以来，豪华酒店组织 The Leading Hotels of the World 首次与电影人合作，除了颂扬旗下物业的出色表现之外，也披露了任重道远但行事低调的酒店监察人员鲜为人知的一面。The Leading Hotels of the World 的慑人魅力，以及对完美细节的热切追求，将会呈现在 Maria Sole Tognazzi 编导的意大利电影《我独步漫游》(Viaggio Sola)。该电影将于 2013 年 3 月在罗马首度公映。《我独步漫游》由著名意大利演员 Marguerita Buy 及 Stefano Accorsi 领衔演出，故事讲述居于罗马的 Leading Hotels 专业监察人员 Irene 在豪华酒店工作，见尽奢华，但同时亦需于日常例行工作中的"真实生活"与复杂感情关系之间取得平衡。该片于 2012 年拍摄，并于世界各地取景，当中包括 7 间 Leading Hotels 酒店。END

梁志天加盟 yoo 成最新创意合作伙伴

2013 年 4 月 23 日，yoo 隆重宣布梁志天加入 yoo 之明星级设计团队，成为 Steve Leung & yoo 品牌的创意总监。日后，此品牌将打造不同的国际项目，共同实践卓越的设计理念，以灵动出色的创意，为发展商和住客建构出更受欢迎又不断升值的精美家居和酒店，达至三赢局面。Yoo Residence 是 Steve Leung & yoo 位于香港的首个住宅项目，属全港第一个国际地标式品牌住宅。两个设计品牌的完美结合为 yoo Residence 打造出时尚简约的独特风格，同时为香港室内设计市场带来耳目一新的感觉，开拓崭新视野。

yoo 由国际房地产企业家 John Hitchcox 和设计大师 Philip Starck 共同创立。yoo 的创意总监还包括设计大师 Jade Jagger、Kelly Hoppen、Anoushka Hempel、Marcel Wanders。自 1999 年，yoo 即与世界上一些开发商合作设计了众多住宅与酒店项目。项目遍布亚洲、澳洲、欧洲、非洲、北美、南美及中东地区的 27 个国家。

乐家携手马青骅为中国 F1 赛事创造历史

2013 年 4 月 12 日，马青骅作为中国历史上第一位 F1 车手，参加了上海 2013 年中国 F1 大奖赛，顺利完成了他的测试驱动并完成测试赛。全球领先的卫浴设计和制造商——乐家，作为马青骅 2013 年赛季的合作伙伴和赞助商，与他共享了这一战绩。

马青骅现在 25 岁，已在 A1 以及各种系列赛中获胜，并荣获 2011 中国赛车冠军。他决心把 FI 赛车运动通过广播电视片段展现在 13 亿观众面前，传播赛车世界的精彩和冲击。马青骅将等待 GP2 系列赛，这是其第九年参赛，而今年，他代表卡特汉姆将获得更多的经验和支持。作为领导全球的卫浴品牌，Roca 乐家百年以来传承欧洲设计精髓，云集国际顶尖设计大师，融合全新科技，提供品质卓越和环保的产品。Roca 乐家产品遍及 135 个国家及地区，成为深受消费者喜爱的卫浴品牌。乐家将帮助马青骅来实现他的梦想同时带动其他车手在中国试车。

第三届博物馆·美术馆·规划展览馆建筑设计高峰论坛

2013 年 4 月 27 日，由中国博物馆协会指导，中国博物馆协会博物馆建筑空间与新技术专业委员会、天津大学建筑学院、《城市·环境·设计》（UED）杂志社、上海当代艺术博物馆主办的“第三届博物馆·美术馆·规划展览馆建筑设计高峰论坛”在上海当代艺术博物馆隆重举行。本届论坛以博览类建筑设计的实际案例为出发点，邀请博物馆、美术馆、展览馆方面的知名建筑师、馆长等专家学者及政府人员，通过主题演讲、学术研讨、展览展示等多种交流方式，进行博览类建筑设计的深度交流。

GCAM/ 全球文化资产管理有限责任公司创始人暨首席执行官、所罗门 .R. 古根海姆基金会荣休主席 Thomas Krens 先生提出了一个美术馆未来的新概念，演讲主题为《新理论·新功能·新形式·新艺术》。他表示在过去 20 年里，古根海美术馆一直在不断尝试与创造一个永久持续的模式，其全球性的美术馆策略，可以让他们接触到更多观众、美术馆内容、艺术品；他认为，未来的美术馆必须要满足观众的需求，必须要找出一个高尚的模式，并要能与其他美术馆进行交流，不光是意见上的交流，也包括展览上的交流。

国际著名建筑师让·努维尔则带来题为《物化时代文化》的精彩演讲，以他设计的美术馆为例，他认为，美术馆建筑应尽量设计简洁的空间，以便给展陈提供最大可能性；同时一个博物馆是一个城市的街区，它的存在是一个城市中人群聚集活动甚至保护人群的一个空间场所；一个展览成功的表现就是，当人们到来时都在问，展览在什么地方；展览主要是一个表达的场所，其中有展品、建筑以及观者在里面做自己的一个表达。让·努维尔最后展示了国家美术馆历时两年进行的三轮设计成果；他希望这个建筑能够表达以书法艺术为代表的中国文化，并用“第一笔”这样一个概念作为对中国文化的一个解读和切入，希望用建筑材料来表达出毛笔在运笔中的气势以及气的流动。另有博物馆界馆长、建筑师等专家学者分别进行了主题演讲，研讨环节“对话馆长、艺术家”更引起了大家的共鸣。

2013CIID 设计师峰会走进青岛

2013 年 5 月 24 日下午 13:30，2013CIID 设计师峰会在青岛市府新大厦会议中心举行，同期举办 2012 年 CIID 获奖设计师作品展、文化雅集、CIID 青岛大学公开课。峰会主题为当代艺术与设计。CIID 学会相关领导及诸多室内设计相关从业人员出席了此次峰会。

北欧风情家具“装进”奔驰 smart 轿车

以超小及环保驰名的奔驰 smart 轿车近日装进丹麦北欧风情 BoConcept 家具，而北欧风情新款家具更是从 smart 轿车上获取灵感，共同彰显舒适且高效、个性与品质的特质。据北欧风情产品研发总监克劳斯介绍，北欧风情为 smart 轿车设计制作座椅内饰，用皮质与毛毡体现“上车即到家”的亲切感。而北欧风情新款 smartville 系列家具饰品，借鉴了 smart 大胆独特、不落俗套以及紧凑有力的特质，与 smart 车体一样长的肌肉感沙发，融合车身轮廓的动感座椅以及和轮胎亮黄色呼应的轻巧茶几，都颇具个性且实用。

深圳十人空间设计竞赛

2013 年 3 月 31 日上午 9 点，第三届“BOX10 深圳十人·空间设计奖 ”展览、颁奖典礼暨获奖作品集新书发布仪式于深圳大学科技楼首层举行。本次比赛主题是“东方”，共收到 137 份优秀作品，这些作品中表现了学生们从不同方位对东方的探究和表达，经过 10 人评审，最终评选出 29 份获奖作品。至此，此竞赛已成功举办 3 届，比赛经费均出自 10 位优秀的室内设计师，他们拒绝了任何形式的商业赞助，以保持活动的单纯性与良好初衷，并旨在通过竞赛，激发学生们创意设计思维，发掘未来的设计人才，增进南北高校环艺设计教育之间的交流，加强一线设计师与高校设计教育间的交流，为高校设计人才的教育与培养做出有益尝试。

2013 保利春拍建筑师专场上海拍品全面启动征集

2013 年 3 月 31 日下午两时，由思班机构与《城市·环境·设计》（UED）杂志社共同策划主办的“2013 保利春拍建筑师专场”上海启动会于上海 AREA LIVING 艾瑞尔家居馆举办，启动会探讨主题是“新思路 = 新出路”。上海当地多位知名建筑师出席莅临，集思广益共同探讨、推荐上海建筑界的卓著拍品。

上海设计中心柔性设计馆展厅揭幕

2013年5月4日，柔性设计馆展厅正式揭幕。上海科学技术委员会巡视员徐美华，杨浦区常委副区长唐海东，同济大学副校长吴志强等领导出席活动，对柔性设计馆实体展厅的落成进行剪彩，随着剪彩仪式完成，柔性设计馆展厅成为了与杨浦区科委、同济大学科技园联合建立的设计公共服务平台的实体空间，平台将带来新的合作模式，促生更多优秀的设计作品和创新合作模式，创造大量的创意产值，进而推动杨浦区乃至上海再至全国的创意文化输出，由“中国制造”向“中国创造”顺利转型。

借揭幕良机，上海设计中心提出了“杨浦美化运动”主题，号召区域内2万多名设计师塑造区域文化，举办第二届青年设计师展活动，发布了诸如“多功能BOX=23”“青年公馆的未来”“借力云计算”“绿色土木”等命题。

飞利浦启动“新锐照明设计师成长计划”

2013年4月26日，由飞利浦发起的“锐见——新锐照明设计师成长计划”在北京启动。中国照明学会副理事长詹庆旋教授、华人照明设计师联合会会长谢茂堂先生出席了启动仪式并为参与此次成长计划的首批24位新锐照明设计师颁发学员证书。随后，学员们在清华大学完成了3天的专业照明培训课程。

作为国内首个为照明设计师度身打造的综合性学习和交流的平台，飞利浦“新锐照明设计师成长计划”将秉承共享资源，共同成长，携手共赢的宗旨，为众多具有良好职业素养和创新能力、热爱照明事业的青年设计精英们提供一个施展才华的舞台，帮助他们全面提升专业能力，进一步拓展事业空间。为此，飞利浦为学员们精心打造了“四位一体”成长计划，将用一年时间，通过培训授课、参观研讨、项目实践和行业推广相结合的方式，帮助照明设计师们脱颖而出，支持他们成就自己的理想和抱负。

上海同济天地创意设计有限公司成立

2013年3月30日，上海同济天地创意设计有限公司成立仪式在同济大学建筑设计研究院举行。 同济大学副校长吴志强、同济大学建筑设计院（集团）有限公司董事长丁洁民及同济大学资产经营公司、上海市文创办负责人出席仪式并致辞，对上海同济天地创意设计有限公司的成立表示祝贺，并勉励公司通过与同济大学设计创意学院的产学研互动，以创意设计服务上海转型发展、创新驱动的战略。

Worldhotels宣布香港丽都酒店总经理取得非凡成就

Worldhotels隆重宣布，香港丽都酒店、香港丽悦酒店及旺角丽悦酒店总经理陈小芳（Anita Chan）在近日举行的第八届中国酒店星光奖评选中，跻身“中国最佳总经理”奖项；香港丽都酒店为Worldhotels头等系列酒店之一。中国酒店星光奖被誉为“中国酒店业奥斯卡”，透过严谨公正的评奖程序来甄选得奖者。评奖8届以来，作为首位获此尊贵奖项的香港女性，陈女士的非凡成就不仅得到认同，同时再一次展现，在男性主导的酒店总经理角色上，女性的表现也可同样超卓。

陈女士自2004年出任香港丽都酒店总经理以来，酒店营收显著增加，并通过一系列创新方案提升酒店品牌形象。其杰出表现得到酒店持有人的信任，受邀同时管理另外两间酒店的业务。她目前兼任3家酒店的总经理，成为全球少数女性总经理之一，管理近千间客房。

“中国室内设计再定义”学术交流论坛

由中国建筑学会室内设计分会（CIID）主办的“中国室内设计再定义”学术交流论坛暨2012中国室内设计影响力人物“诺贝尔磁砖”巡展于2013年4月1日在上海新国际博览中心启动，为全年巡展拉开序幕。

2012~2013年度“中国室内设计影响力人物”包括：崔华锋、琚宾、梁景华、林学明、吕永中、沈雷、宋微建、萧爱彬、杨邦胜、叶铮。他们是由16家业内资深媒体，经过150余天的联合甄选评出的行业标杆，代表着中国室内设计学术与设计的水准。他们和他们的作品将一并踏上全国巡展的旅途。本次巡展以思维和作品为媒介，推动中国室内设计行业的全面发展，历时5个月，分站地点包括上海、北京、南京、重庆、广州。

上海尚品家居展6月开展

2013年6月9日~11日在上海龙阳路新国际博览中心举办的第二届上海国际尚品家居及室内装饰展览会，作为精致家居展会先驱，定位于“全球视野、时尚设计、家居精品”，为国内外优质展商、展品和一流家居渠道商搭建纯粹、舒适的商洽平台，让一流只面对一流。

尚品展作为首家精致家居展，着力在展览环境上营造舒适、优雅的商业氛围。上海高领文化传播有限公司总经理尹玉刚认为，义乌小商品城能够迅速脱颖而出，成为世界最重要、中国第一的小商品城，关键在于抛弃了国内其他小商品城只要生意不要环境的落后观念，大力气建设Shopping Mall般的批发市场环境。尚品展正是在家居展览行业率先采用这一先进理念，将参展环境放在首要位置，求实效，弃假象。

展会要精致，展品自然需要精挑细选，让一流买手和观众面对的只有一流的家居精品。通过这样的定位，尚品展为国内外优质展商、展品和一流家居渠道商搭建起了纯粹、舒适的商洽平台。尚品展不仅关注贸易本身，还给家居精品更多宣传曝光机会，通过一系列主题论坛，向社会大众呈现并演绎时尚家居精品、潮流和生活方式。主办方将在5月~6月举办5场设计师系列沙龙及一系列论坛。

CIID2013设计师峰会走进景德镇

2013年4月25日~26日，CIID2013设计师峰会在景德镇举办。此次活动由中国建筑学会室内设计分会（CIID）主办，中国建筑学会室内设计分会第二十七专业委员会及景德镇陶瓷学院设计艺术学院承办，广东嘉俊陶瓷有限公司协办，景德镇陶瓷学院提供学术支持。此次活动为期两天，期间先后举办了中国室内设计论坛、文化雅集，以及CIID公开课等活动。CIID理事、萧氏设计董事长、总设计萧爱彬，CIID副理事长、苏州大学建筑学院室内设计系主任刘伟等分别发表了精彩演讲。

巴黎家居展
2013年9月6-10日
巴黎北郊维勒蓬特
www.maison-objet.com
国际家居新风尚，为您呈现家居最新潮流！
博览会只对专业观众开放
观展联系: GLI CHINA SHANGHAI
Tel. +86 / 2133 63 2637
tradeshow@glichina.com.cn
MAISON
&OBJET
PARIS
preview, © Cyril Lagel. SAFI organisation, a subsidiary of Ateliers d'Art de France and Reed Expositions France

PARIS
CAPITALE
DE LA
CRÉATION